建筑工程职业技能岗位培训图解教材

木工

本书编委会　编

中国建筑工业出版社

图书在版编目（CIP）数据

木工／本书编委会编．—北京：中国建筑工业出版社，2016.5
建筑工程职业技能岗位培训图解教材
ISBN 978-7-112-19275-5

Ⅰ.①木…　Ⅱ.①本…　Ⅲ.①建筑工程—木工—岗位培训—教材　Ⅳ.①TU759.1

中国版本图书馆CIP数据核字（2016）第059912号

本书是根据国家颁布的《建筑工程施工职业技能标准》进行编写的，主要介绍了木工的基础知识、施工图识读、木工的常用材料、木工常用的工具、木工的基本操作技能、木门窗的制作和安装、木装修和木制品安装工程、模板工程等内容。

本书内容丰富，详略得当，用图文并茂的方式介绍木工的施工技法，便于理解和学习。本书可作为建筑工程职业技能岗位培训相关教材使用，也可供建筑施工现场木工参考使用。

责任编辑：武晓涛
责任校对：陈晶晶　张　颖

建筑工程职业技能岗位培训图解教材
木工
本书编委会　编
*
中国建筑工业出版社出版、发行（北京西郊百万庄）
各地新华书店、建筑书店经销
北京京点图文设计有限公司制版
北京富生印刷厂印刷
*
开本：787×1092毫米　1/16　印张：10　字数：174千字
2016年6月第一版　2016年6月第一次印刷
定价：**29.00**元（附网络下载）
ISBN 978-7-112-19275-5
（28533）

《木工》
编委会

主编： 伏文英

参编： 王志顺　张　彤　王志顺　刘立华
刘　培　何　萍　范小波　张　盼
王昌丁　李亚州

前 言

近年来，随着我国经济建设的飞速发展，各种工程建设新技术、新工艺、新产品、新材料也得到了广泛的应用，这就要求提高建筑工程各工种的职业素质和专业技能水平，同时，为了帮助读者尽快取得《职业技能岗位证书》，熟悉和掌握相关技能，我们编写了此书。

本书是根据国家颁布的《建筑工程施工职业技能标准》进行编写的，主要介绍了木工的基础知识、施工图识读、木工的常用材料、木工常用的工具、木工的基本操作技能、木门窗的制作和安装、木装修和木制品安装工程、模板工程等内容。

本书内容丰富，详略得当，用图文并茂的方式介绍木工的施工技法，便于理解和学习。本书可作为建筑工程职业技能岗位培训相关教材使用，也可供建筑施工现场木工参考使用。同时为方便教学，本书编者制作有相关课件，读者可从中国建筑工业出版社官网（www.cabp.com.cn）下载。

本书编写过程中，尽管编写人员尽心尽力，但错误及不当之处在所难免，敬请广大读者批评指正，以便及时修订与完善。

编者

2016 年 1 月

目　　录

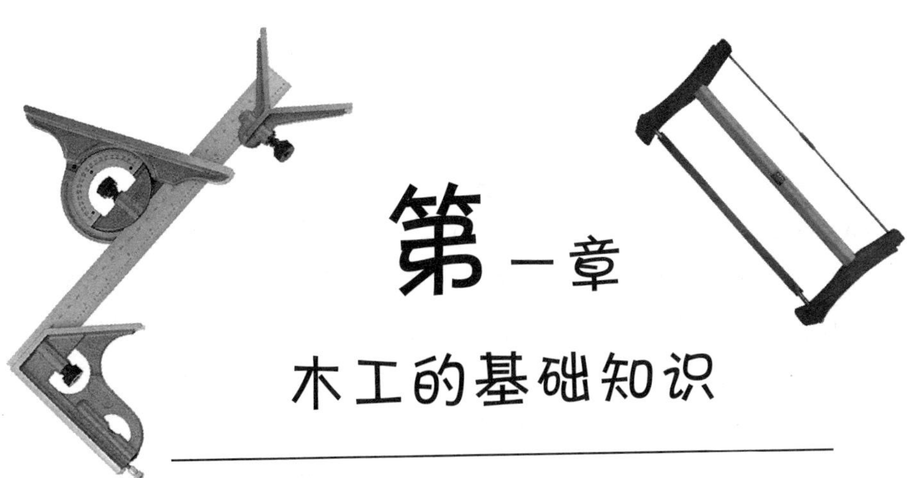

第一章 木工的基础知识

第一节 木工职业技能等级要求

1. 初级木工应符合下列规定

（1）理论知识

1）了解一般识图和房屋构造的基本知识；

2）了解常用木材、人造板的种类、性能和用途，木材的防火、防蛀、防潮、防腐、干燥方法；

3）熟悉常用工具、量具名称，了解其功能和用途；

4）了解木材和成品变形的预防和一般变形的补救方法；

5）熟悉常用胶粘剂的性能使用和保管方法；

6）掌握普通木门窗与一般壁橱、窗台板、窗帘箱等的制作方法；

7）了解一般梁、板、支撑的受力常识及一般模板的规格、间距；

8）了解模板、顶棚起拱的基本知识；

9）了解安全生产基本常识及常见安全生产防护用品的功能。

（2）操作技能

1）能够正确使用水平尺与线坠进行找平、吊线和弹线；

2）会制作、安装普通木门、横棱玻璃窗；

3）能够操作与维护常用木工机械，并对木工自用工具进行修、磨、拆装等；

4）会选料、划线、锯料、刨料、打眼、开榫、推槽、裁口、起简单线条、钉屋面板、顺水条及顶棚、板墙的灰板条、金属网；

5）会制作、安装一般壁橱、窗台板、窗帘箱和纱门窗；

6）会安装一般门锁和五金配件；

7）会配制、安装、拆除一般基础、梁、柱、阳台、雨篷及预制构件模板；

8）会安装地板龙骨、铺设企口地板和钉踢脚板；

9）会规范使用常用的工具、量具；

10）会使用劳防用品进行简单的劳动防护。

2. 中级木工应符合下列规定

（1）理论知识

1）熟悉制图的基本知识，看懂较复杂的施工图；

2）了解建筑力学的基本知识，木结构的一般理论知识；

3）掌握木楼梯、栏板、扶手和弯头的制作方法；

4）熟悉复杂门、窗、木装修和屋面工程的施工方法、步骤；

5）熟悉各种设备基础、水塔、烟囱、双曲线冷却塔和双曲线结构模板的安装方法；

6）熟悉翻、滑、升模板的施工工艺、基本原理及安装、拆除方法；

7）了解混凝土强度增长的基本知识与拆模期限；

8）熟悉各种粘结材料的性能和使用方法；

9）了解常用水准仪和现行激光仪器的基本原理和使用维护方法；

10）熟悉安全生产操作规程。

（2）操作技能

1）会一般工程施工测量放线、放大样；

2）会绘制本工种一般工程结构草图；

3）能够制作、安装有线角纵横棱玻璃门、窗扇、硬百叶窗、穿线软百叶门窗；

4）能够制作、安装顶棚、反光灯槽、木楼梯、栏板扶手和弯头；

5）会制作、安装各种预制构件、设备基础、现浇圆柱、楼梯、栏板模板和异形模板；

6）会制作各种抹灰线角模具和制、立皮数杆及一般工程找平放线；

7）能够制作本工种常用手工工具；

8）会按图计算工料；

9）能够在作业中实施安全操作。

3. 高级木工应符合下列规定

（1）理论知识

1）掌握制图的基本知识，会看复杂结构大样图；

2）熟悉较复杂木制品施工工艺卡的编制方法；

3）掌握螺旋形楼梯、栏杆、扶手制作的顺序和方法；

4）掌握各种形式隔扇的制作方法；

5）熟悉本工种新型材料的物理、化学性能及使用；

6）熟悉木结构、砖混结构和一般钢筋混凝土结构的知识；

7）了解古建筑木装修一般施工工艺；

8）掌握预防和处理质量和安全事故的方法及措施。

（2）操作技能

1）能够制作、安装螺旋形楼梯模板和螺旋形木楼梯、栏杆、扶手；

2）能够制作、安装各种形式的隔扇（如乱冰纹、花椒眼、灯笼心等）和挂落；

3）会制作、安装宫殿式屋顶并修缮古式屋顶（包括飞檐、斗栱）；

4）会制作各种模型（如球形薄壳屋面及其他艺术形式屋面）；

5）会参与本工种施工方案的编制，并组织施工；

6）会对钢、木模板施工工艺进行设计；

7）能够对初、中级工进行示范操作、传授技能；

8）能够按安全生产规程指导初、中级工作业。

4. 木工技师应符合下列规定

（1）理论知识

1）掌握本工种工程构造图识读并能绘制大样图；

2）掌握复杂木结构施工工艺卡编制方法；

3）熟悉古代建筑各种花饰制品的分类及修缮工艺；

4）掌握各种异形门窗、古式宫殿建筑制作的方法；

5）掌握木工翻样的基本方法；

6）熟悉模板工程设计与计算的方法；

7）掌握常用经纬仪和现行激光仪器的使用方法；

8）熟悉与本工种相关工种的施工工艺知识；

9）熟悉有关安全法规及简单突发安全事故的处理程序。

（2）操作技能

1）能够根据图纸翻制构件大样；

2）会编制木结构工程施工工艺卡；

3）会依照图纸进行工、料计算和分析；

4）能够制作、安装各种异形门窗；

5）会制作、安装古式宫殿、亭阁式木屋顶；

6）会修缮古式木飞檐、斗栱及屋顶；

7）能够制作、安装螺旋式楼梯模板；
8）能对模板工程进行计算及组织施工；
9）熟练进行常用经纬仪和现行激光仪器的现场施工测量；
10）能够解决本工种技术与工艺上的难题；
11）能够对中、高级工进行示范操作、传授技能；
12）能够根据生产环境，提出安全生产建议，并处理简单突发安全事故。

5. 木工高级技师应符合下列规定

（1）理论知识

1）掌握图纸会审与施工技术交底的要点；
2）掌握工种交叉作业与技术协调的方法；
3）掌握古建筑中各种花饰的类别及各种复杂榫铆结构的制作工艺；
4）掌握仿古门窗隔扇和亭阁的制作方法；
5）熟悉大型木结构项目的施工组织设计编制方法；
6）掌握大型模板工程的设计与制作以及施工组织的方法；
7）熟悉新材料、新工艺、新技术、新设备的性能及使用方法；
8）熟悉计算机绘图的基本知识；
9）掌握有关安全法规及突发安全事故的处理程序。

（2）操作技能

1）能够根据图纸制作复杂构件的大样；
2）会编制大型木结构项目的施工组织设计方案；
3）熟练进行制作、安装各种复杂卯榫构件；
4）能够根据图纸制作复杂的结构模型；
5）能够对模板工程进行计算及施工组织、管理；
6）会运用计算机绘制一般木模、木结构的施工图；
7）能够解决本工种高难度的技术问题和工艺难题；
8）能够对中、高级工，技师进行技术指导、传授技能；

9）能够制作、安装仿古门窗隔扇和亭阁；

10）能够编制突发安全事故处理的预案，并熟练进行现场处置；

11）熟练进行本工种技能鉴定考评工作。

第二节 房屋构造

一幢民用建筑，例如教学楼，一般是由基础、墙（或柱）、楼板层及地坪层（楼地层）、屋顶、楼梯和门窗等主要部分组成，如图 1-1 所示。

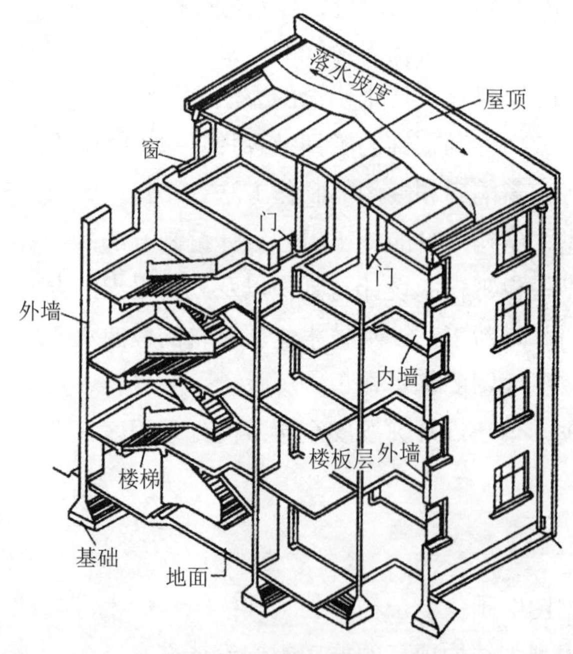

图 1-1 房屋构造的组成

(1) 基础

基础是房屋最下部埋在土中的扩大构件，它承受着房屋的全部荷载，并把荷载传给基础下面的土层（地基）。

（2）墙与柱

墙与柱是房屋的垂直承重构件，它承受楼地面和屋顶传来的荷载，并把这些荷载传给基础。墙体还是分隔、围护构件，外墙阻隔雨、风、雪、寒暑对室内的影响，内墙起着分隔房间的作用。

（3）楼面与地面

楼面与地面是房屋的水平承重和分隔构件。楼面是指二层或二层以上的楼板。地面又称为底层地坪，是指第一层使用的水平部分。它们承受着房间的家具、设备和人员的重量。

（4）楼梯

楼梯是楼房建筑中的垂直交通设施，供人们上下楼层和紧急疏散之用。

（5）屋顶（屋盖）

屋顶是房屋顶部的围护和承重构件。它一般由承重层、防水层和保温（隔热）层三大部分组成，主要抵御阳光辐射和风、霜、雨、雪的侵蚀，承受外部荷载以及自身重量。

（6）门和窗

门和窗是房屋的围护构件。门主要供人们出入通行，窗主要供室内采光、通风、眺望之用。同时，门窗还具有分隔和围护作用。

第三节 木工安全生产注意事项

1）木工机械必须设专人管理，并按时清洁，紧固，润滑，调整，防腐（十字作业法），对不了解木工机械安全知识者，不允许上机操作。

2）工作前必须检查电源接线是否正确，各电器部件绝缘是否良好，机身是否有可靠的保护接零或保护接地。

3）使用前必须检查刀片、锯片安装是否正确，紧固是否良好，安全罩、防护罩等是否齐全有效。

4）使用前必须空车试运转，转速正常后，再经 2 ～ 3 分钟空运转，确认确实无异常，再送料开始工作。

5）机械运转过程中，禁止进行调整，检修和清扫等工作，操作人员衣袖要扎紧，并不准戴手套。

6）加工旧料前，必须将铁钉、灰垢、冰雪等清除后再上机加工。

7）操作时要注意木材情况，遇到硬木、节疤、残茬要适当减慢推料进料，严禁手指按在节疤上操作，以防木材跳动或弹起伤人。

8）加工 2m 以上较长的木料时应有两人操作，一人在上手送料，一人在下手接料，下手接料者必须在木头越过危险区后方准接料，接后不准猛拉。

9）使用木工圆锯，操作人员必须戴防护眼镜，电锯上方必须装设保险和滴水设备，操作中任何人都不得站在锯片旋转的切线方向。木料锯至末端时，要用木棒推送木料，截断木料要用推板推进，锯短料一律使用推棍，不准用手推进，进料速度不得过快，用力不得过猛，接料必须使用刨勾，长度不足 50cm 的短料禁止上圆锯机。

10）使用木工平刨不准将手伸进安全挡板里侧移挡板，禁止摘掉安全挡板操作。

刨料时，每次刨削量不准超过 1.5mm，操作时必须双手持料；刮大风时，手只许按在料的上面和侧面，但手指必须按在材料侧面的上半部，而且必须离开刨口至少 3cm 以上，禁止一只手放在材料后头的操作方法。

送料要均匀推进，按在料上的手经过刨口时，用力要轻，对薄短和窄的木料在刨光时必须一律使用推板或推棍，长度不足 15cm 的木料不准上平刨。

11）使用木工压刨时，压料取料人员站位不得正对刨口。

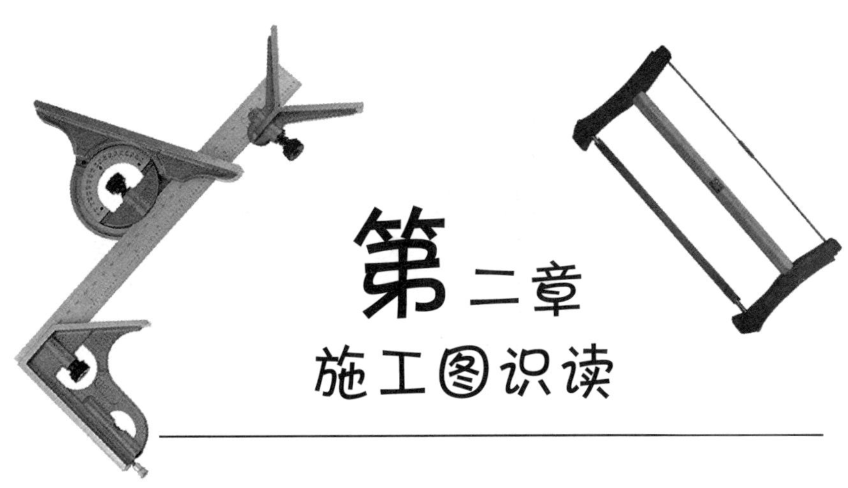

第二章 施工图识读

第一节 建筑构造及配件图例

建筑构造及配件图例见表 2-1。

构造及配件图例　　表 2-1

序号	名称	图例	说明
1	墙体		应加注文字或填充图例表示墙体材料，在项目设计图纸说明中列材料图例表给予说明
2	隔断		1）包括板条抹灰、木制、石膏板、金属材料等隔断。 2）适用于到顶与不到顶隔断
3	栏杆		—
4	楼梯	上	1）上图为底层楼梯平面，中图为中间层楼梯平面，下图为顶层楼梯平面。 2）楼梯及栏杆扶手的形式和梯段踏步数应按实际情况绘制

续表

序号	名称	图例	说明
4	楼梯	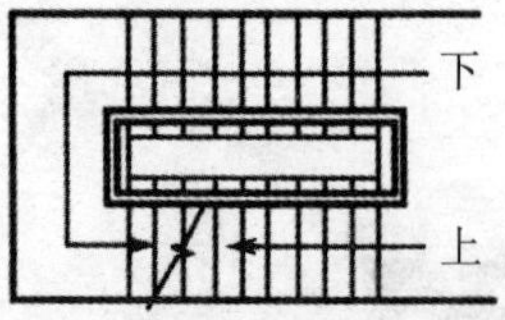 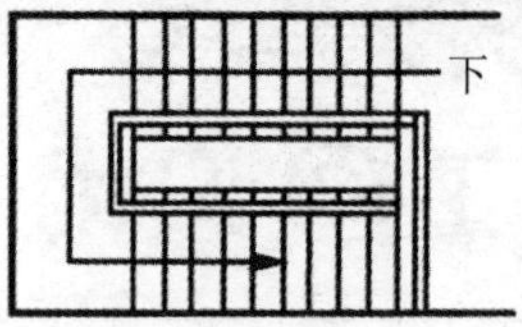 下 上 下	1）上图为底层楼梯平面，中图为中间层楼梯平面，下图为顶层楼梯平面。 2）楼梯及栏杆扶手的形式和梯段踏步数应按实际情况绘制
5	坡道	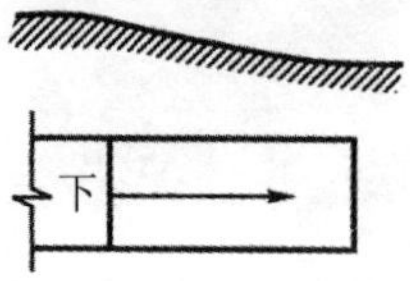 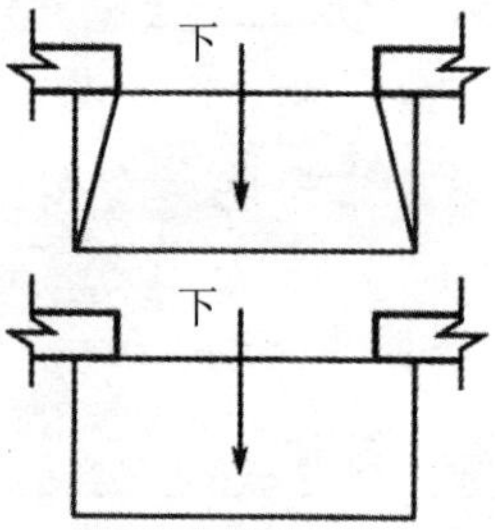 下 下 下	上图为长坡道，下图为门口坡道
6	平面高差	××||**	适用于高差小于 100 的两个地面或楼面相接处
7	检查孔		左图为可见检查孔，右图为不可见检查孔
8	孔洞		阴影部分可以涂色代替
9	坑槽	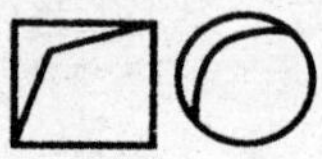	—

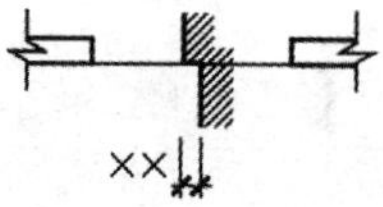

续表

序号	名称	图例	说明
10	墙预留洞	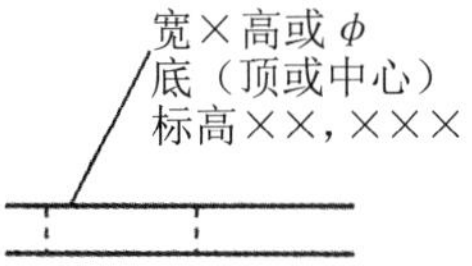 宽×高或 ϕ 底（顶或中心） 标高××，×××	1）以洞中心或洞边定位。 2）宜以涂色区别墙体和留洞位置
11	墙预留槽	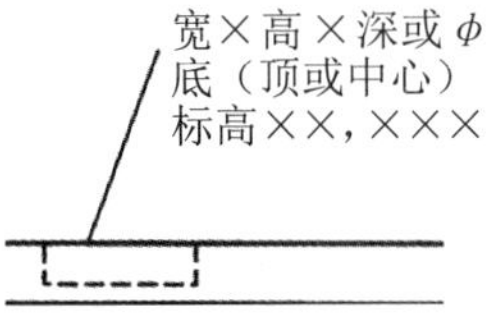 宽×高×深或 ϕ 底（顶或中心） 标高××，×××	
12	烟道	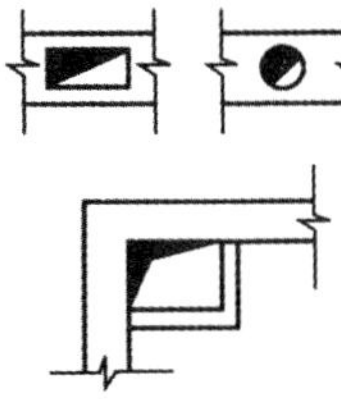	1）阴影部分可以涂色代替。 2）烟道与墙体为同一材料，其相接处墙身线应断开
13	通风道	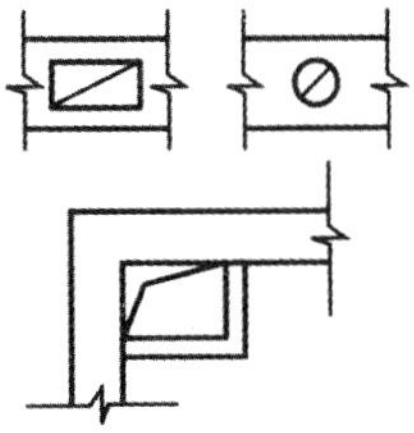	
14	新建的墙和窗	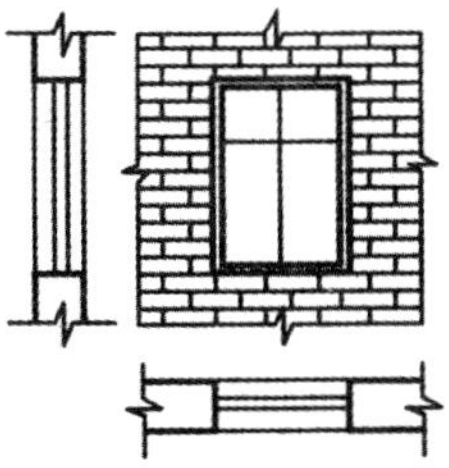	1）本图以小型砌块为图例，绘图时应按所用材料的图例绘制，不易以图例绘制的，可在墙面上以文字或代号注明。 2）小比例绘图时，剖面窗线可用单粗实线表示
15	改建时保留的原有墙和窗	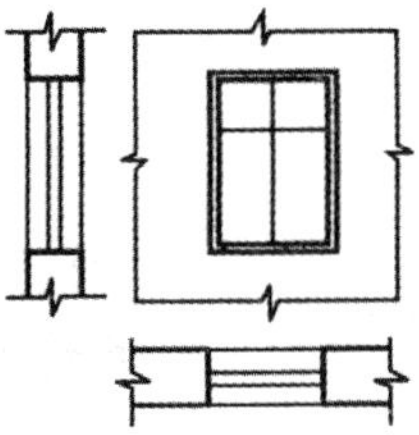	—

续表

序号	名称	图例	说明
16	应拆除的墙	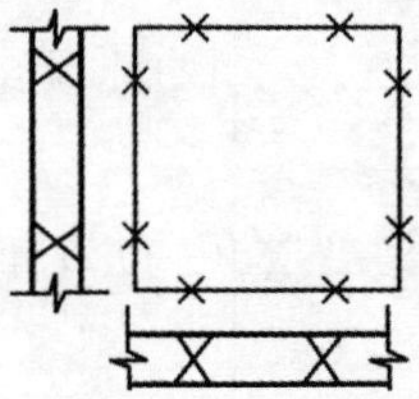	—
17	在原有墙或楼板上新开的洞	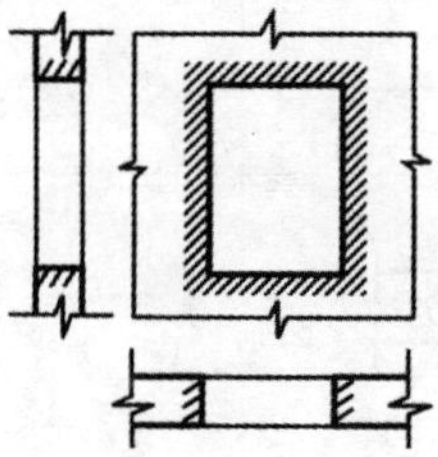	—
18	在原有洞旁扩大的洞	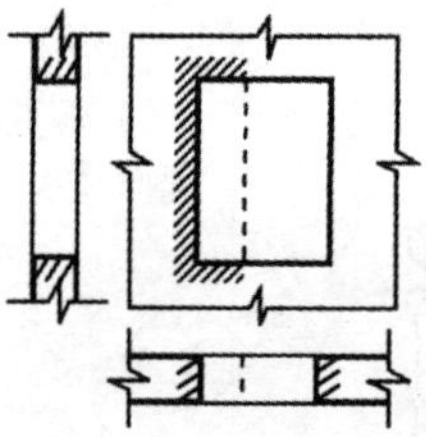	—
19	在原有墙或楼板上全部填塞的洞	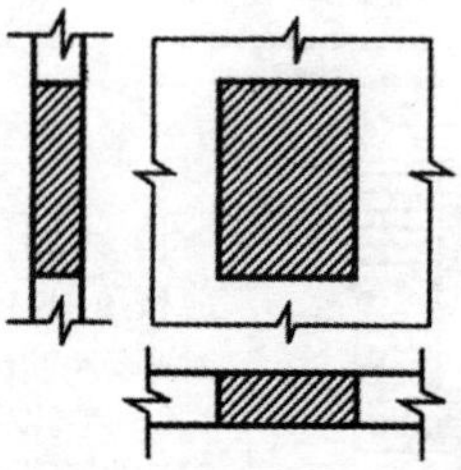	—
20	在原有墙或楼板上局部填塞的洞	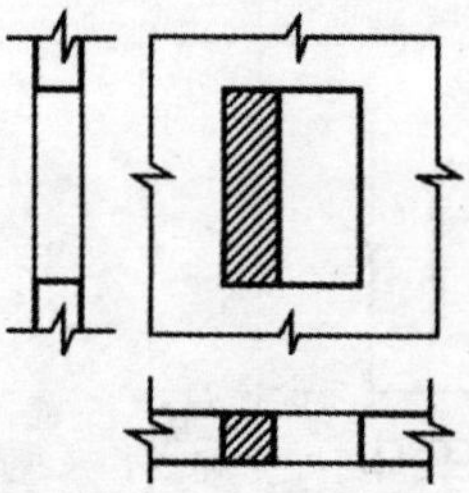	—

续表

<table>
<tr><th>序号</th><th>名称</th><th>图例</th><th>说明</th></tr>
<tr><td>21</td><td>空门洞</td><td> 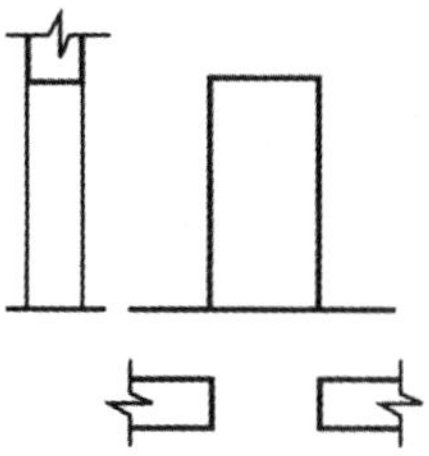</td><td>—</td></tr>
<tr><td>22</td><td>单扇门（包括平开或单面弹簧）</td><td> 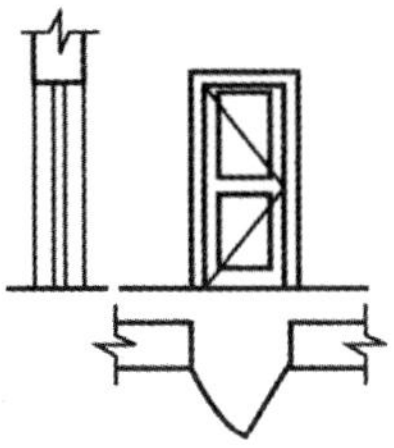</td><td rowspan="3">1）门的名称代号用 M。
2）图例中剖面图左为外、右为内，平面图下为外、上为内。
3）立面图上开启方向线交角的一侧为安装合页的一侧，实线为外开，虚线为内开。
4)平面图上门线应 90° 或 45° 开启，开启弧线宜绘出。
5）立面图上的开启线在一般设计图中可不表示，在详图及室内设计图上应表示。
6）立面形式应按实际情况绘制</td></tr>
<tr><td>23</td><td>双扇门（包括平开或单面弹簧）</td><td></td></tr>
<tr><td>24</td><td>对开折叠门</td><td></td></tr>
<tr><td>25</td><td>推拉门</td><td> 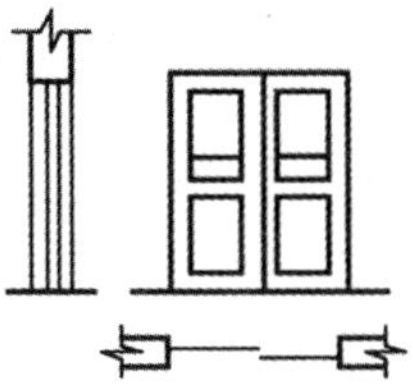</td><td>1）门的名称代号用 M。
2）图例中剖面图左为外、右为内，平面图下为外、上为内。
3）立面形式应按实际情况绘制</td></tr>
</table>

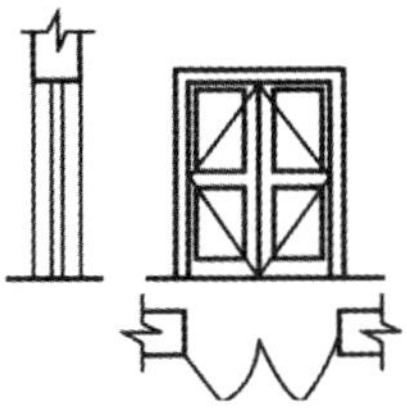

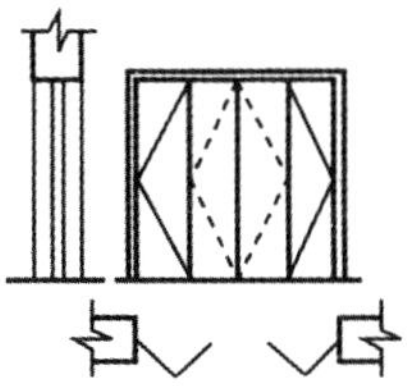

续表

序号	名称	图例	说明
26	墙外单扇推拉门	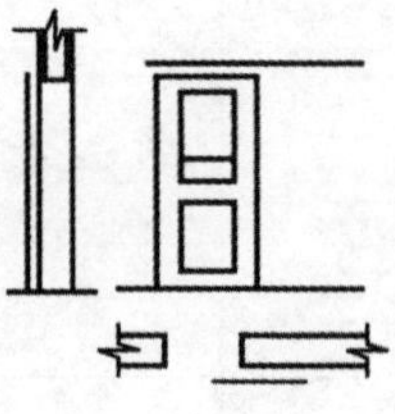	
27	墙外双扇推拉门		1）门的名称代号用 M。 2）图例中剖面图左为外、右为内，平面图下为外、上为内。 3）立面形式应按实际情况绘制
28	墙中单扇推拉门	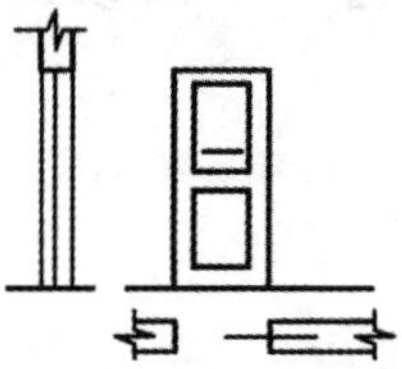	
29	墙中双扇推拉门	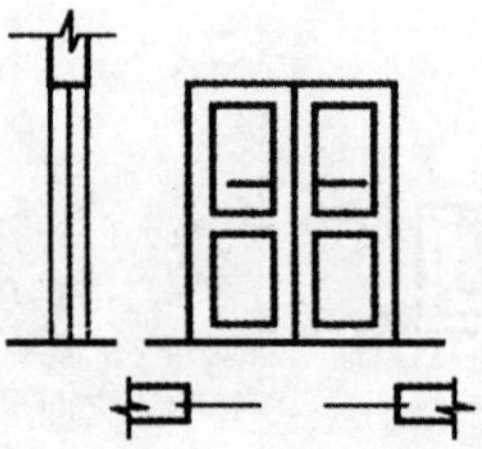	1）门的名称代号用 M。 2）图例中剖面图左为外、右为内，平面图下为外、上为内。 3）立面形式应按实际情况绘制

续表

序号	名称	图例	说明
30	单扇双面弹簧门	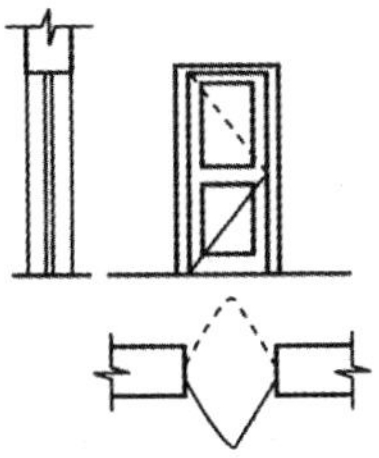	1）门的名称代号用 M。 2）图例中剖面图左为外、右为内，平面图下为外、上为内。 3）立面图上开启方向线交角的一侧为安装合页的一侧，实线为外开，虚线为内开。 4)平面图上门线应 90° 或 45° 开启，开启弧线宜绘出。 5）立面图上的开启线在一般设计图中可不表示，在详图及室内设计图上应表示。 6）立面形式应按实际情况绘制
31	双扇双面弹簧门	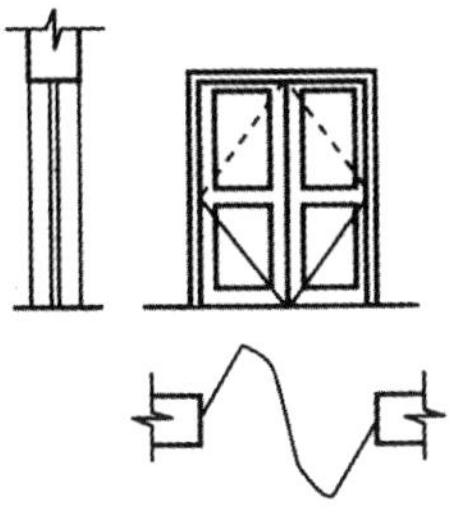	
32	单扇内外开双层门（包括平开或单面弹簧）	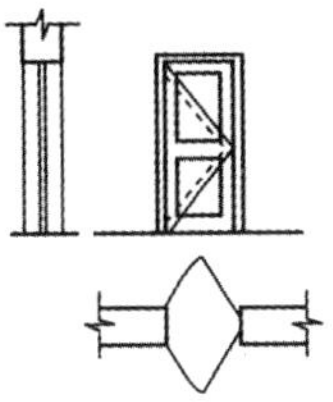	
33	双扇内外开双层门（包括平开或单面弹簧）	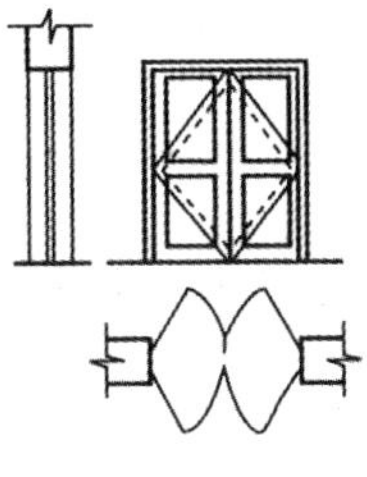	
34	转门	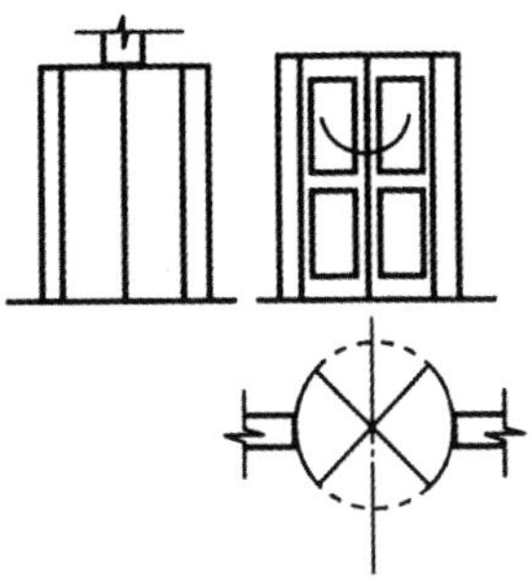	1）门的名称代号用 M。 2）图例中剖面图左为外、右为内，平面图下为外、上为内。 3）平面图上门线应 90°或 45°开启，开启弧线宜绘出。 4）立面图上的开启线在一般设计图中可不表示，在详图及室内设计图上应表示。 5）立面形式应按实际情况绘制

续表

序号	名称	图例	说明
35	自动门	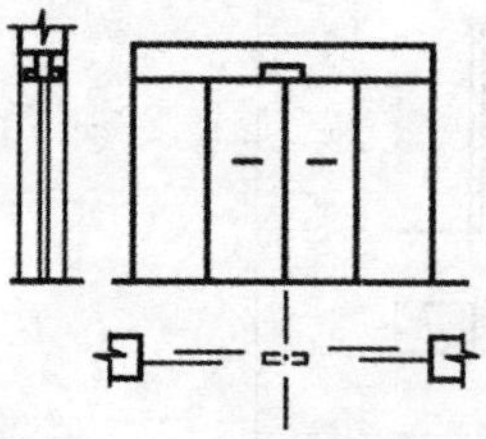	1）门的名称代号用 M。 2）图例中剖面图左为外、右为内，平面图下为外、上为内。 3）立面形式应按实际情况绘制
36	折叠上翻门	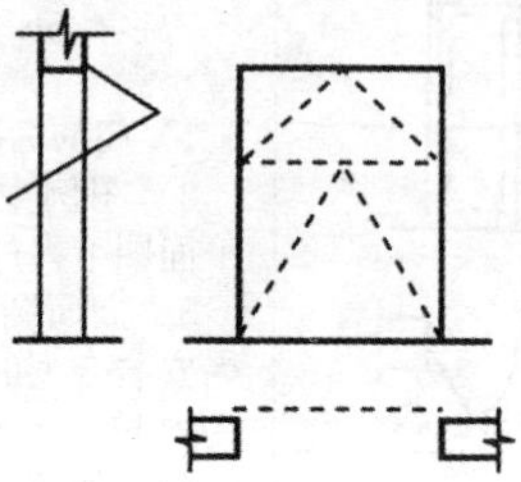	1）门的名称代号用 M。 2）图例中剖面图左为外、右为内，平面图下为外、上为内。 3）立面图上开启方向线交角的一侧为安装合页的一侧，实线为外开，虚线为内开。 4）立面形式应按实际情况绘制。 5）立面图上的开启线设计图中应表示
37	竖向卷帘门	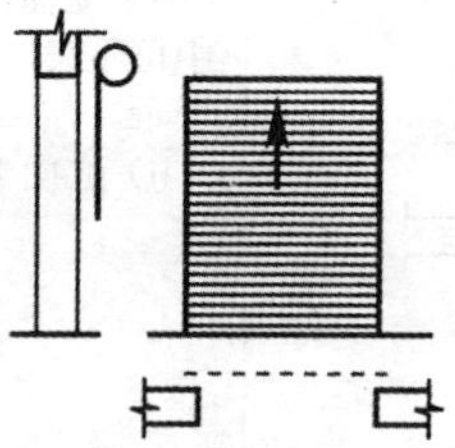	1）门的名称代号用 M。 2）图例中剖面图左为外、右为内，平面图下为外、上为内。 3）立面形式应按实际情况绘制
38	横向卷帘门	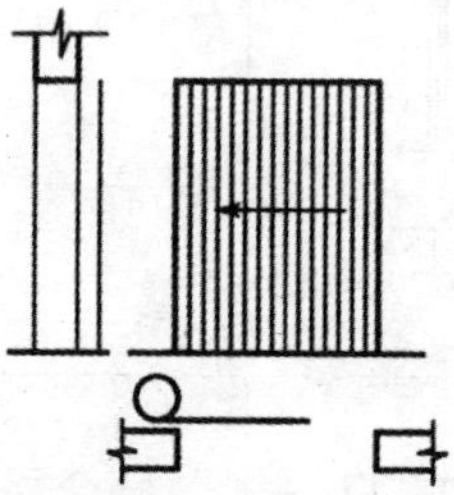	1）门的名称代号用 M。 2）图例中剖面图左为外、右为内，平面图下为外、上为内。 3）立面形式应按实际情况绘制
39	提升门	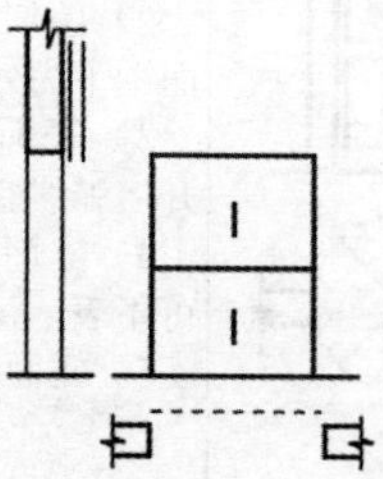	

续表

序号	名称	图例	说明
40	单层固定窗	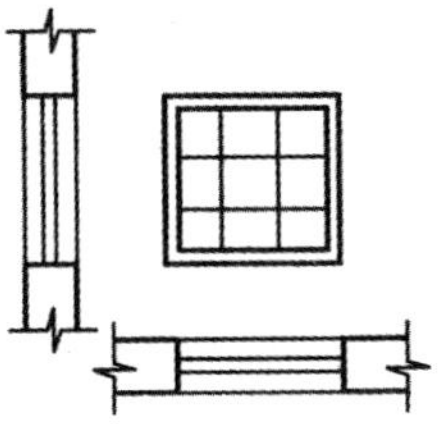	1）窗的名称代号用C表示。 2）立面图中的斜线表示窗的开启方向，实线外开，虚线为内开；开启方向线交角的一侧为安装合页的一侧，一般设计图中可不表示。 3）图例中，剖面图所示左为外、右为内，平面图所示下为外、上为内。 4）平面图和剖面图上的虚线仅说明开关方式，在设计图中不需表示。 5）窗的立面形式应按实际绘制。 6）小比例绘图时平、剖面的窗线可用单粗实线表示
41	单层外开上悬窗	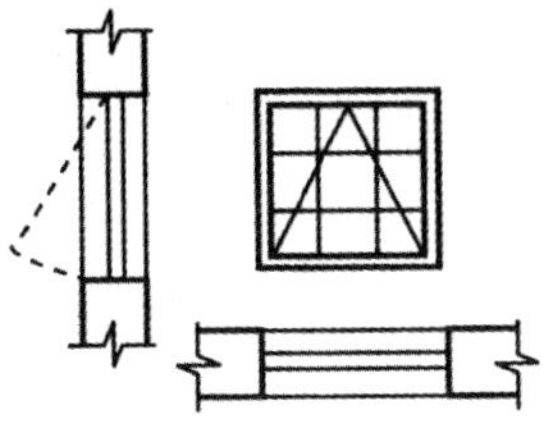	
42	单层中悬窗	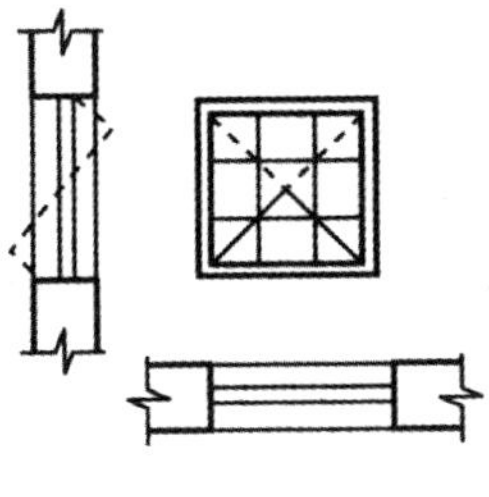	
43	单层内开下悬窗	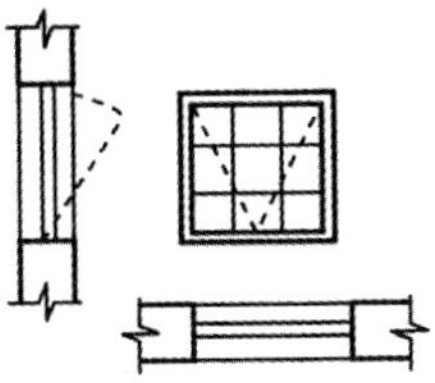	

续表

<table>
<tr><th>序号</th><th>名称</th><th>图例</th><th>说明</th></tr>
<tr><td>44</td><td>立转窗</td><td></td><td rowspan="4">1）窗的名称代号用C表示。
2）立面图中的斜线表示窗的开启方向，实线外开，虚线为内开；开启方向线交角的一侧为安装合页的一侧，一般设计图中可不表示。
3）图例中，剖面图所示左为外、右为内，平面图所示下为外、上为内。
4）平面图和剖面图上的虚线仅说明开关方式，在设计图中不需表示。
5）小比例绘图时平、剖面的窗线可用单粗实线表示</td></tr>
<tr><td>45</td><td>单层外开平开窗</td><td></td></tr>
<tr><td>46</td><td>单层内开平开窗</td><td></td></tr>
<tr><td>47</td><td>双层内外开平开窗</td><td></td></tr>
<tr><td>48</td><td>推拉窗</td><td></td><td rowspan="2">1）窗的名称代号用C表示。
2）图例中，剖面图所示左为外、右为内，平面图所示下为外、上为内。
3）窗的立面形式应按实际绘制。
4）小比例绘图时平、剖面的窗线可用单粗实线表示</td></tr>
<tr><td>49</td><td>上推窗</td><td></td></tr>
</table>

续表

序号	名称	图例	说明
50	百叶窗	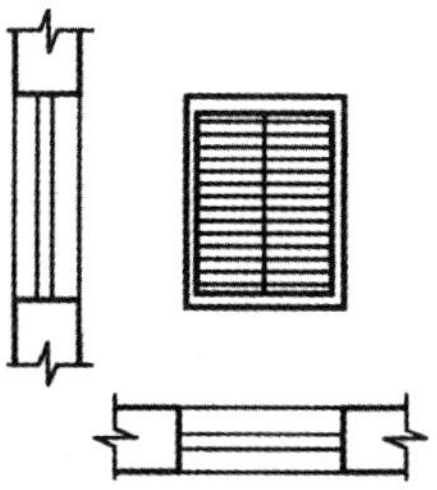	1）窗的名称代号用 C 表示。 2）立面图中的斜线表示窗的开启方向，实线外开，虚线为内开；开启方向线交角的一侧为安装合页的一侧，一般设计图中可不表示。 3）图例中，剖面图所示左为外、右为内，平面图所示下为外、上为内。 4）平面图和剖面图上的虚线仅说明开关方式，在设计图中不需表示。 5）窗的立面形式应按实际绘制
51	高窗	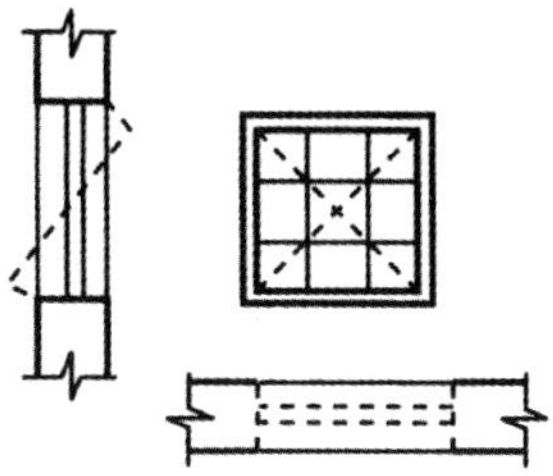	

第二节 木结构图

木构件断面和木构件连接表示方法见表 2-2。

常用木构件断面及连接的表示方法　　表 2-2

序号	名称	图例	说明
1	圆木	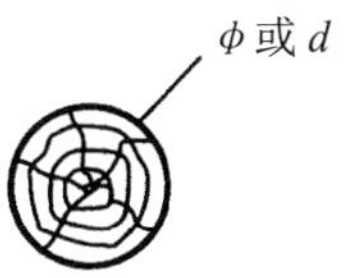 ϕ 或 d	1）木材的断面图均应画出横纹线或顺纹线。 2）立面图一般不画木纹线，但关键的立面图均须画出木纹线
2	半圆木	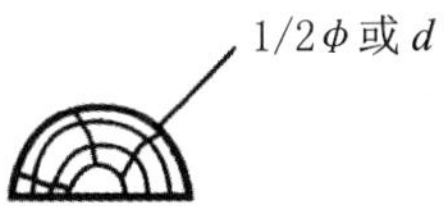 $1/2\phi$ 或 d	

续表

序号	名称	图例	说明
3	方木	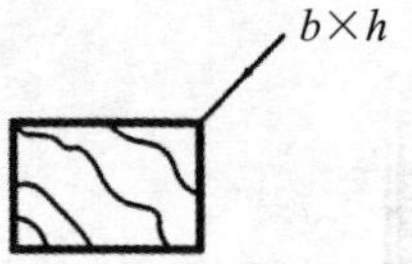 $b \times h$	1）木材的断面图均应画出横纹线或顺纹线。 2）立面图一般不画木纹线，但关键的立面图均须画出木纹线
4	木板	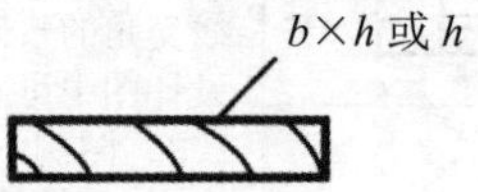 $b \times h$ 或 h	
5	钉连接正面画法（看得见钉帽的）	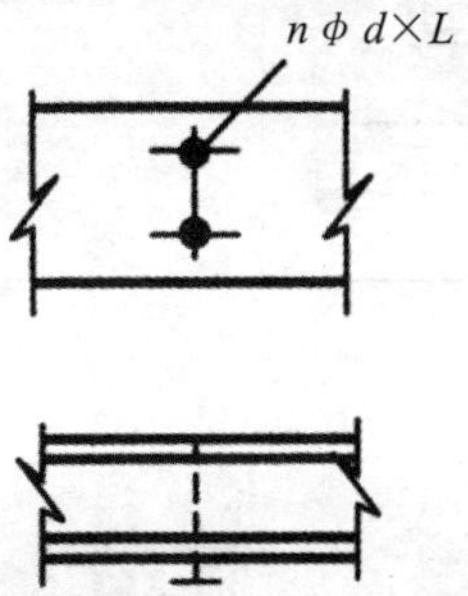 $n\phi d \times L$	—
6	钉连接背面画法（看不见钉帽的）	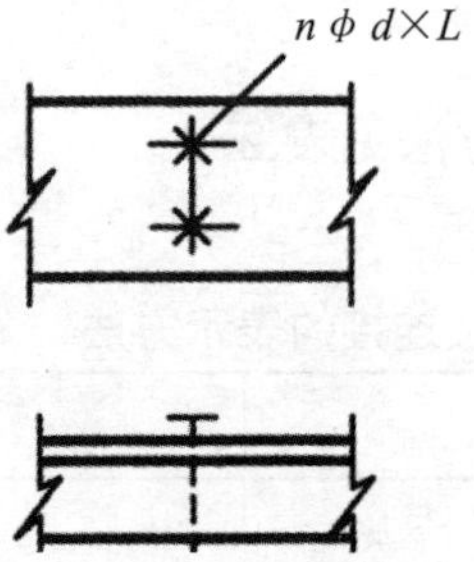 $n\phi d \times L$	—
7	木螺钉连接正面画法（看得见钉帽的）	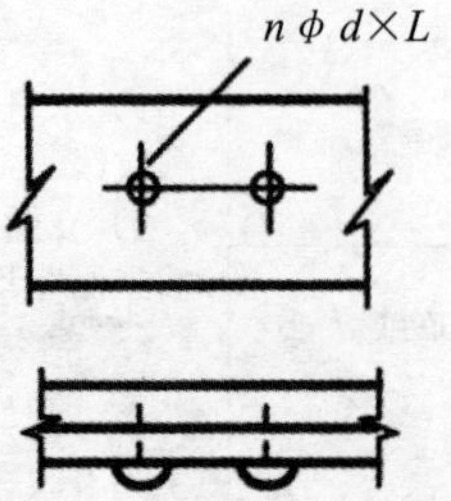 $n\phi d \times L$	—

续表

序号	名称	图例	说明
8	木螺钉连接背面画法（看不见钉帽的）	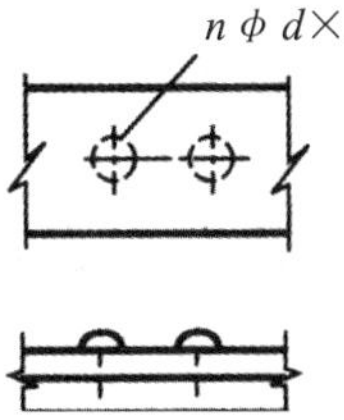 $n\phi d\times L$	—
9	螺栓连接	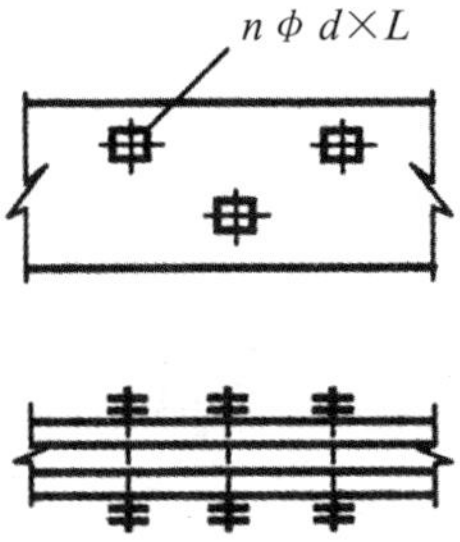 $n\phi d\times L$	1）当采用双螺母时应加以注明。 2）当采用钢夹板时，可不画垫板线
10	杆件连接		仅用于单线图中
11	齿连接	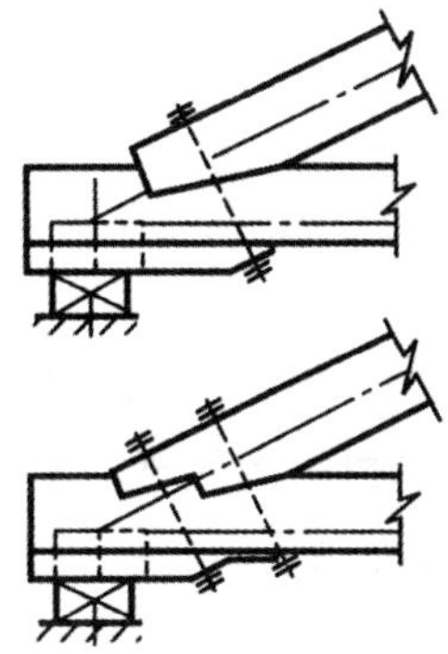	—

第三节 建筑识图

1. 建筑总平面图识读

1）表明新建区域的地貌、地形、平面布置，包括红线位置，各建（构）筑物、河流、道路、绿化等的位置及相互间的位置关系。

2）确定新建房屋的平面位置。

①可根据原有建筑物或道路定位，标注定位尺寸。

②修建成片住宅、较大的公共建筑物、工厂或地形复杂时，用坐标确定房屋及道路折点的位置。

3）表明建筑首层地面的绝对标高，室外地坪、道路的绝对标高；阐明土方填挖情况、地面坡度及雨水排除方向。

4）用指北针和风向频率玫瑰图来表示建筑的朝向。风向频率玫瑰图上所表示风的吹向，是指从外面吹向地区中心的。风向频率玫瑰图还表示该地区常年风向频率。它是根据某一地区多年统计的各个方向吹风次数的百分数值，按一定比例绘制，用 16 个罗盘方位表示。实线图形表示常年风向频率，虚线图形表示夏季的风向频率。

5）根据工程的需要，有时还有水、电、暖等管线的平面图，各管线综合布置图、竖向设计图、道路纵横剖面图以及绿化布置图等。

2. 建筑平面图识读

1）表明建筑物及其各部分的平面尺寸。在建筑平面图中，必须详细标注尺寸。平面图中的尺寸分为外部尺寸和内部尺寸。外部尺寸有三道，一般沿横向、竖向分别标注在图形的下方和左方。

①第一道尺寸：表示建筑物外轮廓的总体尺寸（即外包尺寸）。它是从建筑物一端外墙边到另一端外墙边的总长和总宽尺寸。

②第二道尺寸：表示轴线之间的距离(即轴线尺寸)。它标注在各轴线之间，说明房间的开间及进深的尺寸。

③第三道尺寸：表示各细部的位置和大小的尺寸（即细部尺寸）。它以轴线为基准，标注出门、窗的大小和位置，墙、柱的大小和位置。此外，台阶（或坡道）、散水等细部结构的尺寸可分别单独标出。

内部尺寸标注在图形内部，用以说明房间的净空大小，内门、窗的宽度，内墙厚度以及固定设备的大小和位置。

2）表明建筑物的平面形状，内部各房间包括楼梯、走廊、出入口的布置及朝向。

3）表明地面及各层楼面标高。

4）表明各种代号和编号，门、窗位置，以及门的开启方向。门的代号用M表示，窗的代号用C表示，编号数用阿拉伯数字表示。

5）表示剖面图剖切符号、详图索引符号的位置及编号。

6）综合反映其他各工种（工艺、水、电、暖）对土建的要求。各工程要求的坑、台、地沟、水池、消火栓、电闸箱、雨水管等及其在墙或楼板上的预留洞，应在图中表明其位置及尺寸。

7）表明室内装修做法。包括室内地面、墙面及顶棚等处的材料及做法。一般简单的装修在平面图内直接用文字说明；较复杂的工程则另列房间明细表和材料做法表，或另画建筑装修图。

8）文字说明。平面图中不易表明的内容，如施工要求、砖及灰浆的强度等级等需用文字说明。

3. 建筑立面图识读

1）图名、比例。立面图的比例常与平面图一致。

2）标注建筑物两端的定位轴线及其编号。在立面图中一般只画出两端的定位轴线及其编号，以便与平面图对照。

3）画出室内外地面线、房屋的勒脚、外部装饰及墙面分格线。表示出屋顶、雨篷、台阶、阳台、雨水管、水斗等细部结构的形状和做法。为使立面图外形清晰，通常把房屋立面的最外轮廓线画成粗实线，室外地面用特粗线表示，门窗洞口、檐口、阳台、雨篷、台阶等用中实线表示;其余的，如墙面分隔线、门窗格子、雨水管以及引出线等均用细实线表示。

4）表示门窗在外立面的分布、外形、开启方向。在立面图上，门窗应按标准规定的图例画出。门、窗立面图中的斜细线是开启方向符号。细实线表示向外开，细虚线表示向内开。一般无需将所有的窗都画上开启符号。凡是窗的型号相同的，只画出其中一两个即可。

5）标注各部位的标高及必须标注的局部尺寸。在立面图上，高度尺寸主要用标高表示。一般要注出室内外地坪，一层楼地面，窗台、窗顶、阳台面、檐口、女儿墙压顶面，进口平台面及雨篷底面等的标高。

6）标注出详图索引符号。

7）文字说明外墙装修做法。根据设计要求外墙面可选用不同的材料及做法，在立面图上一般用文字说明。

4. 建筑剖面图识读

1）图名、比例及定位轴线：剖面图的图名与底层平面图所标注的剖切位置符号的编号一致；在剖面图中，应当标出被剖切的各承重墙的定位轴线及与平面图一致的轴线编号。

2）表示出室内底层地面到屋顶的结构形式、分层情况：在剖面图中，断面的表示方法与平面图相同。断面轮廓线用粗实线表示，钢筋混凝土构件的断面可涂黑表示。其他没被剖切到的可见轮廓线用中实线表示。

3）标注各部分结构的标高和高度方向尺寸：剖面图中应标注出室内外地面、各层楼面、檐口、楼梯平台、女儿墙顶面等处的标高。其他结构则应标注高度尺寸。高度尺寸分为三道：

①第一道：总高尺寸，标注在最外边。

②第二道：层高尺寸，主要表示各层的高度。

③第三道：细部尺寸，表示门窗洞、阳台、勒脚等的高度。

4）文字说明某些用料及楼面、地面的做法等。需画详图的部位，还应标注出详图索引符号。

5. 建筑详图识读

（1）外墙身详图识读

外墙身详图实际上是建筑剖面图的局部放大图。它主要表示房屋的屋顶、楼层、檐口、地面、窗台、门窗顶、勒脚、散水等处的构造；楼板与墙的连接关系。

1）外墙身详图的主要内容包括：标注墙身轴线编号和详图符号；采用分层文字说明的方法表示楼面、屋面、地面的构造；表示各层梁、楼板的位置及与墙身的关系；表示檐口部分如女儿墙的构造、防水及排水构造；表示窗台、窗过梁（或圈梁）的构造情况；表示勒脚部分如房屋外墙的防潮、防水和排水的做法：外墙身的防潮层，一般在室内底层地面下 60mm 左右处，外墙面下部有厚 30mm 的 1 ∶ 3 水泥砂浆，层面为褐色水刷石的勒脚，墙根处有坡度 5% 的散水；标注各部位的标高及高度方向和墙身细部的大小尺寸；文字说明各装饰内、外表面的厚度及所用的材料。

2）外墙身详图阅读时应注意的问题包括：屋面、地面、散水、勒脚等的做法、尺寸应和材料做法对照；±0.000 或防潮层以下的砖墙以结构基础图为施工依据，看墙身剖面图时，必须与基础图配合，并注意 ±0.000 处的搭接关系及防潮层的做法；要注意建筑标高和结构标高的关系。建筑标高一般是指地面或楼面装修完成后上表面的标高，结构标高主要指结构构件的下皮或上皮标高。在预制楼板结构楼层剖面图中，一般只注明楼板的下皮标高。在建筑墙身剖面图中只注明建筑标高。

（2）楼梯详图识读

楼梯是房屋中比较复杂的构造，目前多采用预制或现浇钢筋混凝土结构。楼梯由楼梯段、休息平台和栏板（或栏杆）等组成。

楼梯详图一般包括：平面图、剖面图及踏步栏杆详图等。它们表示出楼梯的形式，踏步、平台、栏杆的尺寸、构造、材料和做法。楼梯详图分为建筑详图与结构详图，并分别绘制。对于比较简单的楼梯，建筑详图和结构详图可以合并绘制，编入建筑施工图和结构施工图。

1）楼梯平面图：一般每一层楼都要画一张楼梯平面图。三层以上的房屋，若中间各层的楼梯位置及其梯段数、踏步数和大小均相同时，通常只画底层、中间层和顶层三个平面图。

楼梯平面图实际是各层楼梯的水平剖面图。水平剖切位置应在每层上行第一梯段及门窗洞口的任一位置处。各层（除顶层外）被剖到的梯段，按国标规定，均在平面图中以一根45°折断线表示。在各层楼梯平面图中应标注该楼梯间的轴线及编号，以确定其在建筑平面图中的位置。底层楼梯平面图还应注明楼梯剖面图的剖切符号。

平面图中要注出楼梯间的开间和进深尺寸、楼地面和平台面的标高及各细部的详细尺寸。通常把梯段长度尺寸与踏面宽的尺寸、踏面数合写在一起。

2）楼梯剖面图：假设用一铅垂平面通过各层的一个梯段和门窗洞将楼梯剖开，向另一未剖到的梯段方向投影，所得到的剖面图即为楼梯剖面图。

楼梯剖面图表达出房屋的层数，楼梯梯段数，步级数以及楼梯形式，楼地面、平台的构造及与墙身的连接等。若楼梯间的屋面没有特殊之处，一般可不画。

楼梯剖面图中还应标注平台面、地面、楼面等处的标高和楼层、梯段、门窗洞口的高度尺寸。楼梯高度尺寸标注法与平面图梯段长度标注法相同。

楼梯剖面图中也应标注承重结构的定位轴线及编号，对需画详图的部位标注详图索引符号。

（3）节点详图

楼梯节点详图主要表示栏杆、扶手和踏步的细部构造。

6. 结构施工图识读

（1）基础结构图识读

基础结构图（即基础图），是表示建筑物室内地面（±0.000）以下基础部分的平面布置和构造的图样，包括基础平面图、基础详图和文字说明等。

1）基础平面图

基础平面图主要包括：图名、比例；纵横定位线及其编号（必须与建筑平面图中的轴线一致）；基础的平面布置，即基础墙、柱及基础底面的形状、大小及其与轴线的关系；断面图的剖切符号；轴线尺寸、基础大小尺寸和定位尺寸；施工说明。

2）基础详图

基础详图是用放大的比例画出的基础局部构造图，它表示基础不同断面处的构造做法、详细尺寸和材料。基础详图的主要内容包括：轴线及编号；基础形式、断面形状、材料及配筋情况；防潮层的位置及做法；基础详细尺寸；表示基础的各部分长宽高，基础埋深，垫层宽度和厚度等尺寸；主要部位标高，如室内外地坪及基础底面标高等。

（2）楼层结构平面图识读

楼层结构平面图是假想沿着楼板面（结构层）把房屋剖开所做的水平投影图。它主要表示楼板、柱、梁、墙等结构的平面布置，现浇楼板、梁等的构造、配筋以及各构件间的连接关系。一般由平面图和详图所组成。

（3）屋顶结构平面图识读

屋顶结构平面图是表示屋顶承重构件布置的平面图，它的图示内容与楼层结构平面图基本相同。对于平屋顶，因屋面排水的需要，承重构件应按一定坡度铺设，并设置上人孔、天沟、屋顶水箱等。

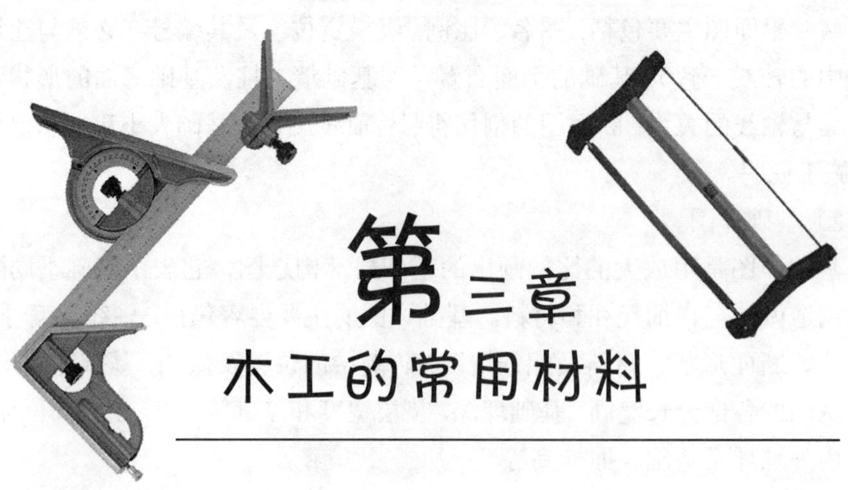

第三章 木工的常用材料

第一节 木工常用树木的种类和用途

砍伐后的原木一般加工成为长 5m、宽 40cm、厚 5cm 的板材，以便运输加工使用（图 3-1）。

图 3-1 砍伐后的原木

树木通常分为针叶树和阔叶树两大类。针叶树的叶子呈针形，平行叶脉，树干长直高大，纹理通直，一般材质较轻软，容易加工，是建筑工程中的主要用材。阔叶树的叶子呈大小不同的片状，网状叶脉，大部分材质较硬，刨削加工后表面有光泽，纹理美丽，耐磨，主要用于装修工程。

1. 针叶类树种

针叶类树种的种类和用途见表 3-1。

针叶类树种的种类和用途　　表 3-1

种类	说明
红松	又名东北松、海松、果松，盛产于我国东北长白山、小兴安岭一带。边材黄褐或黄白，芯材红褐，年轮明显均匀，纹理直，结构中等，硬度软至甚软。其特点是干燥加工性能良好，风吹日晒不易开裂变形，松脂多，耐腐朽，可用做木门窗、屋架、檩条等，是建筑工程中应用最多的树种。
白松	又名臭松、臭冷杉、辽东冷杉，产于我国东北、河北、山西。边材淡黄带白，芯材也是淡黄带白，边材与芯材的区别不明显，年轮明显，结构粗，纹理直，硬度软。其特点是强度低，富弹性，易加工但不易刨光，易开裂变形，不耐腐。在建筑工程中可用于门窗框、屋架、搁栅、檩条、支撑、脚手板等。
马尾松	又名本松、山松、宁国松，产于山东、长江流域以南各省。边材浅黄褐，芯材深黄褐微红，边材与芯材区别略明显，年轮极明显，材质结构中至粗，纹理斜或直、不匀，硬度中等。其特点是多松脂，干燥时有翘裂倾向，不耐腐，易受白蚁危害。可用作小屋架、模形板、屋面板等。
杉木	又叫沙木、沙树，盛产于长江以南各省。边材浅黄褐，芯材浅红褐至暗红褐，年轮极明显、均匀，材质结构中等，纹理直，硬度软。其特点是干燥性能好，韧性强，易加工，较耐久。在建筑工程中常用做门窗、屋架、地板、搁栅、檩条等，应用十分广泛。

2. 阔叶类树种

阔叶类树种的种类和用途见表 3-2。

阔叶类树种的种类和用途 表 3-2

种类	说明
水曲柳	产于东北长白山，树皮灰白色泛微黄，内皮淡黄色，干后呈浅驼色。边材呈黄白色，芯材褐色略黄，年轮明显不均匀，结构中等，材质光滑，花纹美丽。其特点是富弹性、韧性、耐磨、耐湿，但干燥困难，易翘裂。在建筑工程中常用做家具、地板、胶合板及室内装修、高级门窗等。
柞木	又名蒙古栎、橡木，产于我国东北各省。外皮黑褐色，内皮淡褐色，边材淡黄白带褐，芯材褐至暗褐，年轮明显，结构中等，纹理直或斜，硬度甚硬。其特点是干燥困难，易开裂翘曲，耐水、耐腐性强，耐磨损，加工困难。可用做木地板、家具、高级门窗。
白皮榆	又名春榆、山榆、东北榆，产于我国东北、河北、山东、江苏、浙江等省。边材黄褐，芯材暗红褐，年轮明显，结构粗，纹理直，花纹美丽，硬度中等。其特点是加工性能好，刨削面光泽，但干燥时易开裂翘曲。多用做木地板、室内木装修、高级门窗、家具、胶合板等。
桦木	又名白桦、香桦，产于我国东北、华北等地。边材与芯材区别不明显，均为黄白微红，年轮略明显，材质结构中等，纹理直或斜，硬度硬。其特点是力学强度高，富弹性，干燥过程中易开裂翘曲，加工性能好，但不耐腐。可用做胶合板、室内木装修、支撑、地板等。
楠木	又名雅楠、桢楠、小叶楠，产于湖北、四川、湖南、云南、贵州等地。边材和芯材区别不明显，均为黄褐略带浅绿，年轮略明显，材质结构细，纹理倾斜交错，硬度中等。其特点是易加工，切削面光滑，干燥时有翘曲现象，耐久性强。可用做家具、室内木装修、高级门窗等。

3. 木材的防护

木结构的防护应根据使用环境和所使用的树种耐腐或抗虫蛀的性能，确定是否采用防腐药剂进行处理。

用防护剂处理木材的方法有浸渍法、喷洒法和涂刷法。为保证达到足够的防护剂透入度，锯材、层板胶合木、胶合板及结构复合木材均应采用加压处理法。常温浸渍法等非加压处理法，只能在腐朽和虫害轻微的使用环境中应用。喷洒法和涂刷法只能用于已处理的木材因钻孔、开槽导致未吸收防护剂的木材暴露的情况下使用。

木构件需做阻燃处理时，其阻燃剂的配方和处理方法应按《建筑设计防火规范》(GB 50016—2014) 和设计对不同用途和截面的木构件耐火极限要求选用，但不得采用表面涂刷法。对长期暴露在潮湿环境中的木构件，经防火处理后，尚应进行防水处理。

第二节 人造板材

在木器加工中，由于天然木材的匮乏，提倡使用人造板材，减少对天然林木的砍伐。

人造板材经常选用速生林木加工而成（图 3-2）。人造板材一般分为：胶合板、密度板、细密工板、钙塑板等。这些人造板材都要保证在干燥的环境中存放，以免受潮、变形。

图 3-2 人造板材

1. 胶合板

胶合板是用水曲柳、柳安、椴木、桦木等木材，利用原木经过旋切成薄板，再用三层以上成奇数的单板顺纹、横纹 90° 垂直交错相叠，采用胶黏剂黏合，在热压机上加压而成。

胶合板的分类、特性及适用范围见表 3-3。

胶合板的分类、特性及适用范围 表 3-3

种类	分类	名称	胶种	特性	适用范围
阔叶树材胶合板	Ⅰ类	NQF	酚醛树脂胶或其他性能相当的胶	耐久、耐煮沸或蒸汽处理，耐干热，抗菌	室内、室外工程
	Ⅱ类	NS	脲醛树脂胶或其他性能相当的胶	耐冷水浸泡及短时间热水浸泡，抗菌，但不耐煮沸	室内、室外工程
	Ⅲ类	NC	血胶、低树脂含量的脲醛树脂胶或其他性能相当的胶	耐短期冷水浸	室内工程（一般常态下使用）
	Ⅳ类	BNC	豆胶或其他性能相当的胶	有一定的胶合强度，但不耐潮	室内工程（一般常态下使用）
针叶树材胶合板	Ⅰ类	NQF	酚醛树脂胶或其他性能相当的胶	耐久、耐煮沸或蒸汽处理，耐干热，抗菌	室内、室外工程
	Ⅱ类	NS	脲醛树脂胶或其他性能相当的胶	耐冷水浸泡及短时间热水浸泡，抗菌，但不耐煮沸	室内、室外工程
	Ⅲ类	NC	血胶、低树脂含量的脲醛树脂胶或其他性能相当的胶	耐短期冷水浸	室内工程（一般常态下使用）
	Ⅳ类	BNC	豆胶或其他性能相当的胶	有一定的胶合强度，但不耐潮	室内工程（一般常态下使用）

2. 刨花板

（1）刨花板的加工方法及用途

刨花板的加工方法及用途见表 3-4。

刨花板的加工方法及用途　　表 3-4

序号	刨花板的加工方法	刨花板的用途
1	刨花板幅面大，板面平滑，没有拼缝，易于加工。利用单板、浸渍纸、装饰板贴面在板边、板端并采用各种办法封边。	刨花板应用广泛，主要可作为家具用材和建筑用材，也可应用于交通运输、包装等行业，一般用来制作写字台台面、抽屉面板、衣柜、箱子、书柜、橱柜、餐厅和酒店家具、陈列柜、门、天花板、壁板、地板、墙板、房屋盖板、包装箱、支架、车辆制作材料及其他内装修材料。
2	刨花板与实木及其他人造板材料一样，可以用手工工具或机械进行加工，如锯、钻、刨、铣、开槽、砂光等。由于刨花板中含有胶及其他填料，所以在加工时对刀具的磨损较大，加工刨花板时需要使用耐磨性刀具。刨花板的生产由于使用了胶黏剂及不同树种，原料中夹杂了一定量的树皮，在制造中采用了较高温度等，致使板材表面颜色加深。	刨花板可以进行表面装饰。刨花板覆面大，利用木条在板边开槽进行插条拼接等。

（2）刨花的类型

刨花是具有一定形态和尺寸的片状、棒状和颗粒状等碎料的统称，刨花的类型见表 3-5。

刨花的类型 表 3-5

刨花类型	图示及说明
宽平刨花	用刨片机加工制造而成。长、宽尺寸基本一致，厚度较小。它比窄长平刨花宽，比削片刨花薄得多，呈均匀薄片状。用它制作的刨花板美观大方，强度高，刚度大，尺寸稳定性好。 这种刨花干燥，拌胶和铺装比较困难，主要用于华夫刨花板制造。 
窄长平刨花	是用刨片机制成的，长 25 ～ 100mm，宽 8 ～ 13mm，厚 0.2 ～ 0.4mm。 这种刨花纤维完整，用它生产的刨花板强度高，刚性大，尺寸稳定性好，主要用于制造结构刨花板和普通刨花板的芯层刨花。 
削片刨花	是用削片机制成的，宽度与长度相近，一般为 13 ～ 35mm，厚度较大，不均匀。 这种刨花一般需要再碎后才能使用。 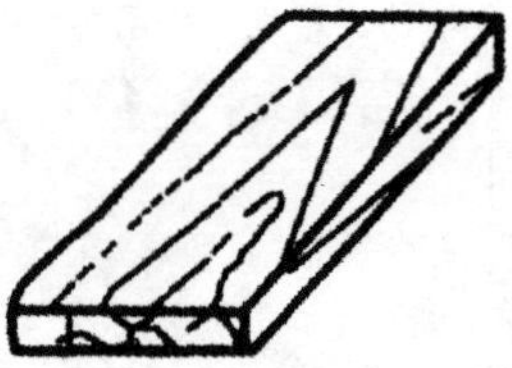
细棒状刨花	是将削片刨花经锤碎机再碎后制成的。宽度与厚度相近，断面呈矩形或正方形，大约为 6mm 或稍小些，长度是厚度的 4 ～ 5 倍，形状很像折断的火柴杆。 这种刨花本身强度高，是挤压法刨花板的原料，在平压法刨花板中只能用作芯层材料。 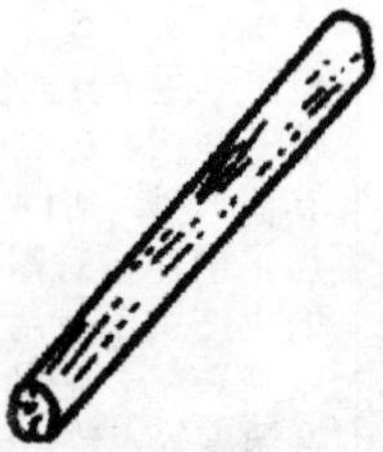
“C”形刨花	是木工机床铣削时产生的废料。它一边较厚，超过刨花所要求的厚度；另一边则较薄，呈羽状，总的呈楔形。 这种刨花大部分纤维被切断，强度很低，稳定性差。但原料来源充足，价格低，可经再加工或直接用作刨花板芯层材料。 

续表

刨花类型	图示及说明
颗粒状刨花	实际上是锯割木材时产生的各种锯屑，其长、宽、厚的尺寸基本一致，呈颗粒状。 刨花板生产可用它作填充孔隙的原料。适量使用这种锯屑，能增加刨花板的表面平整度，提高板的强度，但耗胶量也随之增加。 
针状刨花	也称微型刨花，是将木片、碎料或大刨花用研磨机加工而成的纤维状细小刨花，长为8mm，宽、厚均为0.2mm。它是平压法刨花板的优质表层材料，可作辊压薄型单层结构刨花板的原料。 用它制成的刨花板板面平整、光滑、美观，材质均匀，板的边缘紧密，吸水性低，尺寸稳定性较好。
纤维和纤维束	即制造纤维板用的木纤维，可作刨花板的表层材料。制成的纤维刨花板材质均匀，表面平整、光滑，边缘紧密，尺寸稳定性好。
木粉	为砂光机产生的粉尘，可用作表层材料，制成的板表面光滑、平整

第三节 木工常用五金件

木工常用的五金件种类见表3-6。

木工常用的五金件 表 3-6

<table>
<tr><th>项目</th><th colspan="2">图示及内容</th></tr>
<tr><td>钉类</td><td>钉类按用途的不同可分为圆钉、扁头钉（暗钉）、拼钉（枣核钉）、骑马钉、油毡钉、瓦楞螺钉、石棉瓦钉、镀锌瓦楞钉和射钉等。
1）水泥钢钉主要用于将制品钉在水泥墙壁或制件上；
2）扁头圆钢钉主要用于木模板制作、钉地板等需将钉帽埋入木材的场合；
3）拼合用钢钉适用于门扇等需要拼合木板时作销钉用；
4）骑马钉主要用于固定金属板网、金属丝网或室内挂镜线等。</td><td>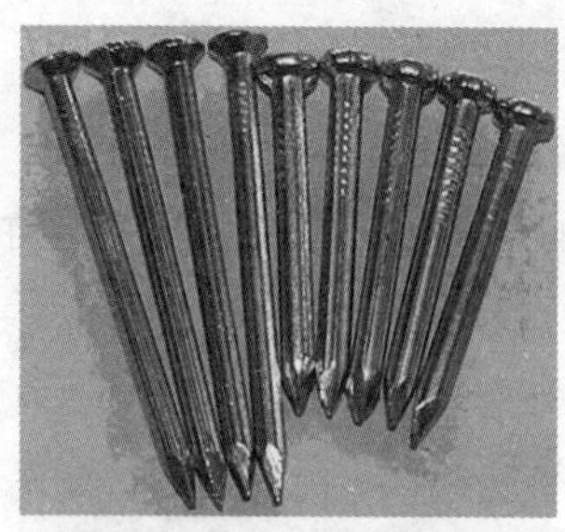
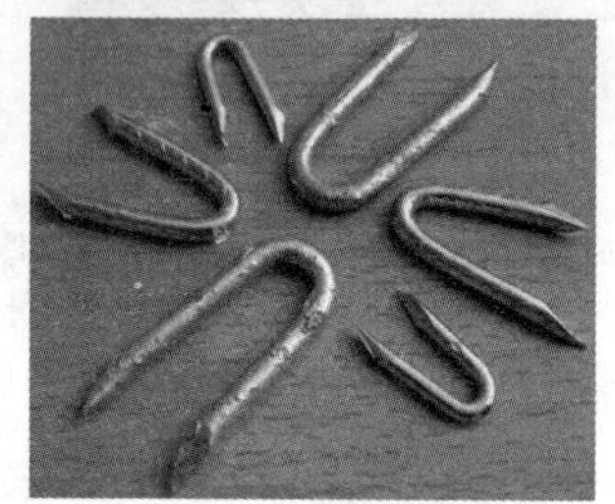</td></tr>
<tr><td>活页</td><td>活页又称合页、铰链。常见的有普通合页、抽芯合页、弹簧合页、薄合页、方合页、抽心方合页、H 形合页、T 形合页、翻窗合页、蝴蝶合页。
1）普通合页、抽芯合页适用于门窗家具上；
2）薄合页主要用于轻型门窗和家具上；
3）弹簧合页装置在进出频繁的弹簧门上，使门开启后能自行关闭；
4）方合页、抽芯方合页、H 形合页主要用于需要经常拆卸的木门上，如纱门；
5）T 形合页适用于工厂大门、库房门等较重门扇的转动和开合处；
6）翻窗合页主要用于工厂、仓库、住宅和公共场所的气窗上；
7）蝴蝶合页主要用于纱窗、厕所门等轻便的门窗上。
两块合页称为一副。常用的合页规格有：40mm、60mm、70mm、100mm、120mm 等。门合页一般选用 100 ～ 120mm，窗合页一般选用 40 ～ 80mm。</td><td>
</td></tr>
</table>

续表

项目	图示及内容	
木螺钉	木螺钉用于把各种材料的制品固定在木质制品上，在木门窗安装中，木螺钉要与合页配套使用。常见的有沉头木螺钉（又称平头木螺丝）、圆沉头木螺钉、半圆头木螺钉、六角头木螺钉。各种木螺钉的钉头开有“一字槽”或“十字槽”。	
门锁	门锁分暗锁和明锁两种。 1）暗锁可分为复锁和插锁两大类，前者的锁体装在门扇表面上，如弹子门锁类；后者的锁体装在门扇边框内，又称“插芯门锁”，如执手锁类。常用的插锁有双保险、三保险锁。 2）明锁是日常生活中使用的普通锁，又称挂锁。明锁与锁扣合用，锁扣一般选用 3 ～ 4 寸为宜。明锁在门的正面，背面（室内）则应安上插销，插销应用木螺钉安装。	 
窗钩（又称风钩）	窗钩由羊眼和撑钩两部件组成，装在木制窗上，用来扣住开启的窗扇，防止被风吹动。	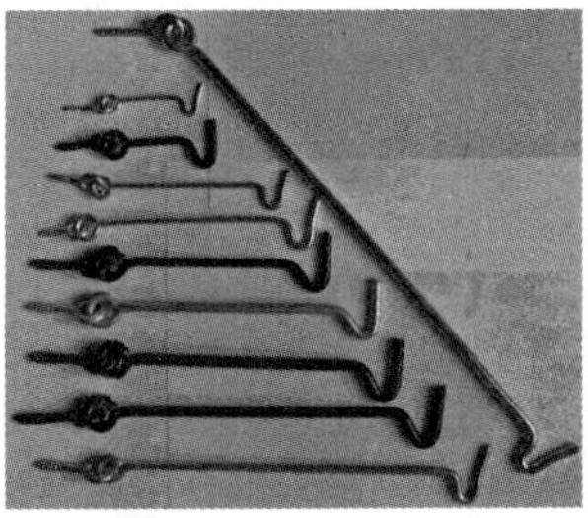

续表

项目	图示及内容
拉手	拉手分为门拉手和窗拉手两种。 1）常用的门拉手有门锁拉手、铁拉手、管子拉手、锁拉手、底板拉手等，拉手的作用是方便门扇的开启与关闭，外表通常镀铬，一般安装在门扇正面中部的适当位置。 2）窗扇上的拉手一般用铁拉手、铝拉手，其作用是方便窗扇的开启与关闭，一般安装在窗扇室内正面中部的适当位置。
门制	门制是用来固定开启的门扇使其不能关闭。开门时只要将门扇向墙壁方向一推，门扇即被门制固定；关门时，只须将门扇稍用力一拉即可使轧头（或挂钩）与底座分开，使用方便。 1）常用的门制有脚踏门制、门扎头、脚踏门钩和磁力吸门器四种。 脚踏门制用来固定开启的门扇；门扎头用于火车、轮船的门扇上，避免门扇自动关闭；脚踏门钩用于挂住开启的门扇；磁力吸门器用来吸住开启的门，使之不能自行关闭。 2）各种门制按安装部位的不同又分为横式和立式两种，立式门制（又称落地式）的定位器底座装置在靠近墙壁的地板上；横式门制（又称踢脚板式）的定位器底座装置在墙壁或踢脚板上。
门弹簧	门弹簧在门扇向内或向外开启角度不到 90°时能起到自动闭门的作用。常见的有门簧弓、地弹簧和门底弹簧等。 1）门簧弓是装在门扇中部的自动闭门器，它适用于单向开启的轻便门扇上，作为短时期内或临时性的自动关闭门扇之用； 2）地弹簧安装在开启门的底部，采用地弹簧的门扇具有运行平稳、静寂无声的优点，多用于影剧院、商店、宾馆等公用建筑的弹簧门扇上； 3）门底弹簧是装在门扇底部的一种小型自动闭门器。 对于安装门弹簧的门，当门扇需要开而不关时，则可将门扇开启成 90° 即可使门保持不关闭。

续表

项目	图示及内容
插销	插销是用来固定门窗扇用的。常用的有钢插销，分为普通型和封闭型两种。另外还有翻窗插销、蝴蝶插销（门用横插销）、暗插销、铜插销等。 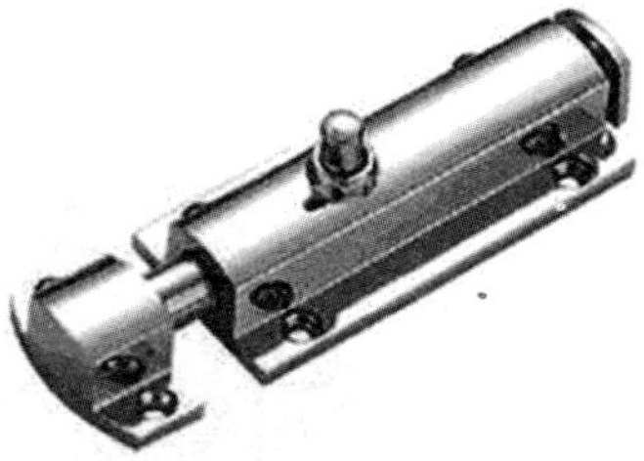

第四节　天然板材的干燥

天然板材在使用前必须进行干燥处理，这样不仅可以防止弯曲、变形和裂缝，还能提高木材的强度，便于防腐处理、加工和涂油漆等，可延长木制品的使用年限。

要根据木材的树种、规格、用途和当地设备条件选择天然干燥法或人工干燥法，详见表 3-7。

天然板材的干燥方法　　表 3–7

方法	图示及说明
天然干燥法	将木材堆积在空旷的场地，利用空气的流通和太阳的照射，使木材中的水分逐渐蒸发达到干燥的效果。  

续表

<table>
<tr><th>方法</th><th>图示及说明</th></tr>
<tr><td>天然干燥法</td><td>木材的堆积一般采用分层纵横交叉堆积码放，也就是将木材分层并且互相垂直的堆成整垛。处理方法是在各层之间放上垫条。

需要注意所有的垫条厚度要一致。

上下垫条应在同一垂直线上，这样在阳光充足、气候干燥的季节，30 天后可达到干燥的效果。</td></tr>
<tr><td>人工干燥法</td><td>人工干燥法就是将木材放在烘烤箱中烘干，按照天然干燥法的堆积方法，把木材码放整齐后，关闭烘烤箱。

</td></tr>
</table>

续表

方法	图示及说明
人工干燥法	先注入蒸汽，加热至 80℃。两天后，将温度控制在 55℃～75℃之间，烘烤 30 天，完成人工干燥工作。

第五节　木工常用的胶粘剂

木工施工中，用于板材粘结的胶水种类较多，比较常见的有白乳胶、万能胶、地板胶。

1. 白乳胶

木工活中常用到的一种胶就是白乳胶（图 3-3），它由醋酸与乙烯合成醋酸乙烯，再经乳液聚合而成的乳白色稠厚液体。白乳胶可常温固化、固化较快、粘结强度较高，粘结层具有较好的韧性和耐久性，且不易老化。白乳胶主要适用于木龙骨基架和木制基层板以及成品木制面层板的粘接。此外，白乳胶也适用于墙面壁纸和墙面底腻的粘贴和增加胶性强度。

图 3-3　白乳胶

（1）使用

使用白乳胶时，需要注意使用温度不得低于 7℃，也不得高于 95℃；根据不同用途，白乳胶可用水稀释，但需先将它升温至超过 30℃，并用高于 30℃的水缓慢加入并搅拌均匀方可使用，不可用 10℃以下的冷水稀释；白乳胶总体是安全的，但不能吞入或溅入眼睛。若不慎碰入口中或眼睛，马上使用大量的清水冲洗（图 3-4）。

图 3-4 白乳胶的使用

（2）保管

1）白胶一般的保质期为半年，保存温度在 20℃左右。如果已经打开，要存放于阴凉干燥、避免阳光直接照射的地方，并且温度应保持在零度以下。

2）过期白胶不应使用，以免影响质量。

2. 万能胶

图 3-5 万能胶

万能胶（图 3-5）含大量的苯等有毒物质，因此木工施工中尽量不要使用。

万能胶主要适用于成品木制面层板的粘结。粘结强度高，寿命长，而且不易开胶。万能胶在使用时对接的两面都必须涂胶，待放置 10 ～ 20min，胶面不粘手时对接。

万能胶最好是用塑料包起来，包装严实，否则容易干掉。如果瓶装，需将瓶口封死，存放在阴凉干燥处。

3. 地板胶

在铺贴拼花、软木、复合地板时，可采用直接胶粘铺设法将地板直接粘接在水泥地面上（图 3-6）。这时用到的胶就称为地板胶。采用地板胶铺装，非常方便快捷。但相对于龙骨铺设法、悬浮铺设法，因使用胶水导致污染相对较大。因此，建议在购买地板的时候选择不要胶粘的地板，尽量避免采取胶粘的方式。

图 3-6　地板胶

地板胶主要适用于木制地面板材，凝固时间较短，1 ～ 3 小时后凝固；粘结强度高，寿命长。选购时，注意检查产品的环保性，避免选到低劣产品；使用地板胶时，要求地面十分干燥、干净、平整。

第四章 木工常用的工具

第一节 手工工具

常用的手工工具包括凿、锯、刨、斧、尺、铅笔、墨斗等。

1. 凿

(1) 凿子的种类

凿子可分为平凿、圆凿和斜凿三种，如图 4-1 所示。一般最常用的是平凿，平凿有窄刃和宽刃两种，具体见表 4-1。

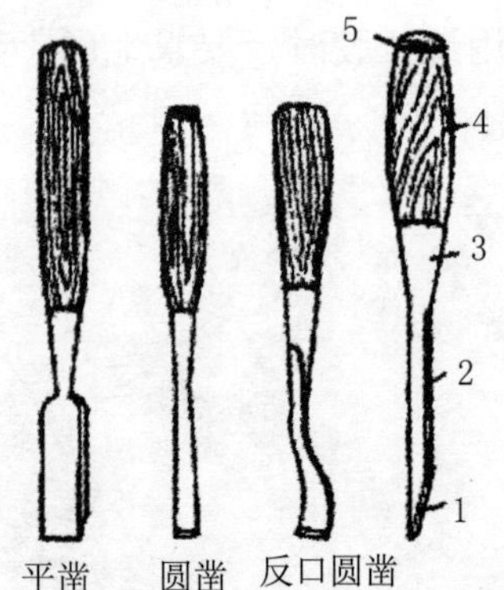

图 4-1 凿

1—凿刃；2—凿身；3—凿库；4—凿柄；5—凿箍

平凿　　表 4-1

种类	图示及说明
窄刃凿	凿眼的专用工具，刃口角度为 30° 左右。凿宽即为所加工的榫眼之宽度。 由于窄凿很厚，所以凿深眼撬屑时不易折弯折断。
宽刃凿	也称薄凿，主要用以铲削，如铲棱角、修表面等。其宽度一般在 20mm 以上，刃口角度为 15° ～ 20°。 由于凿身较薄，故不宜凿削使用。

(2) 凿子的使用方法

凿眼前，先将已划好榫眼墨线的木料放置于工作台上。凿孔时，左手握凿（刃口向内），右手握斧敲击，从榫孔的近端逐渐向远端凿削，先从榫孔后部下凿，以斧击凿顶，使凿刃切入木料内，然后拔出凿子，依次向前移动凿削，一直凿到孔的前边墨线；最后再将凿面反转过来凿削孔的后边，如图 4-2 所示。凿完一面之后，将木料翻过来，按上述方法凿削另一面。

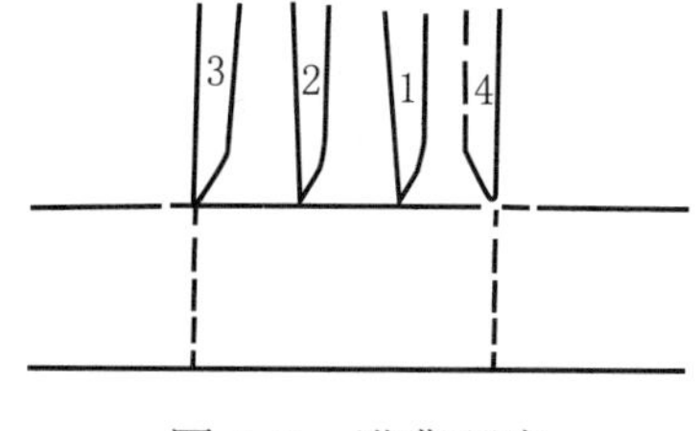

图 4-2　进凿顺序

当孔凿透以后，须用顶凿将木楂顶出来。如果没有顶凿，也可采用木条或其他工具将孔内的木楂和木屑顶出来。凿孔方法和铲削方法，如图 4-3 所示。

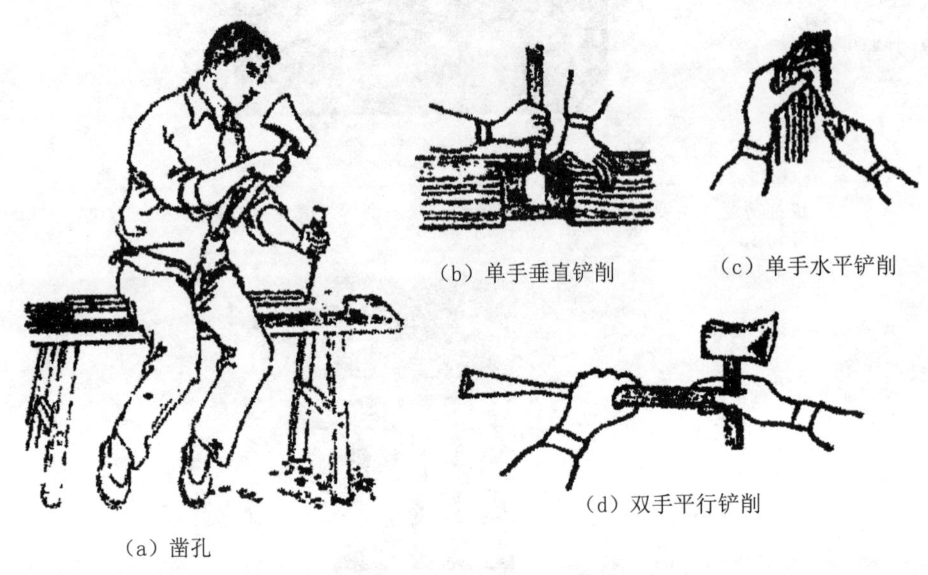

图 4-3 凿孔和铲削方法

(3) 凿刃的研磨

凿子长时间使用后，刃口就会变钝，严重时还会出现缺口或断裂。如果出现缺口或刃口裂纹，则必须先在砂轮机或油石上粗磨，然后再在细磨石上磨锐。凿子的研磨方法与刨刃的研磨基本相同。由于凿子窄，不可在磨石中间研磨，以防磨石中间出现凹沟现象。

2. 锯

锯的种类及使用方法，详见表 4-2。

锯的种类及使用 表 4-2

<table>
<tr><th>种类</th><th>图示及说明</th></tr>
<tr><td>框锯</td><td>（1）纵割锯
纵割锯在使用时，左手抓住被加工的木料，右手握住锯柄，用右脚踏住材料面操作。如果木材短，则用左手按紧木材操作。

（2）横断锯
在使用时，两手扶柄，左脚踏紧木材，其他与纵割据相同。用力均匀且不要过猛，锯至木材快要断开时，轻轻地锯下剩余部分，防止木料突然断裂。
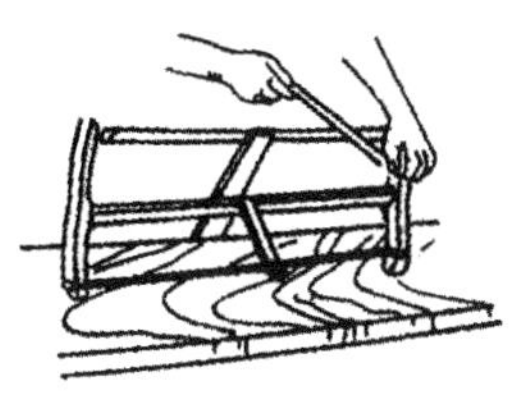 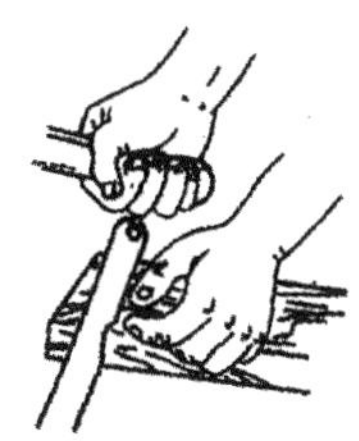
（3）曲线锯
曲线锯又称挖锯，锯圆弧和曲线时使用。其操作与纵割据相同，左手随时调整木料位置，以利于按划线锯削木料。</td></tr>
<tr><td>手锯</td><td>手锯分为板锯和搂锯两种。宽大的手锯称为板锯，窄小的手锯称为搂锯。
</td></tr>
<tr><td>侧锯</td><td>侧锯又称沿缝锯，用于开缝挖槽。使用侧锯时，右手握锯柄，左手按住木料端部上方，前后来回锯削。
</td></tr>
</table>

续表

<table>
<tr><th>种类</th><th>图示及说明</th></tr>
<tr><td>刀锯</td><td>刀锯为用于纤维、层板下料的锯削工具。
</td></tr>
<tr><td>钢丝锯</td><td>这种锯没用平常使用的锯片，用来锯割的是钢丝。
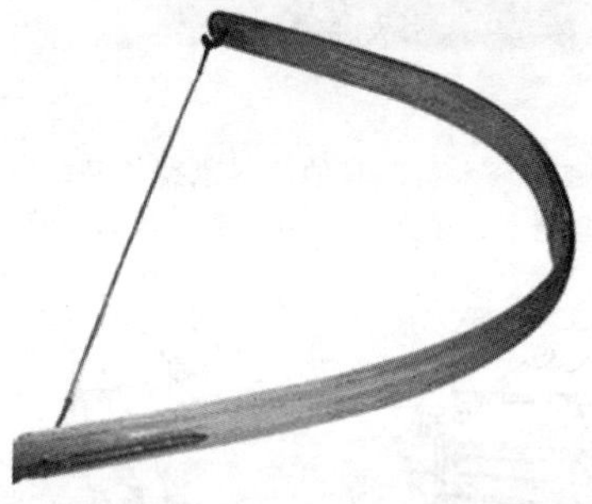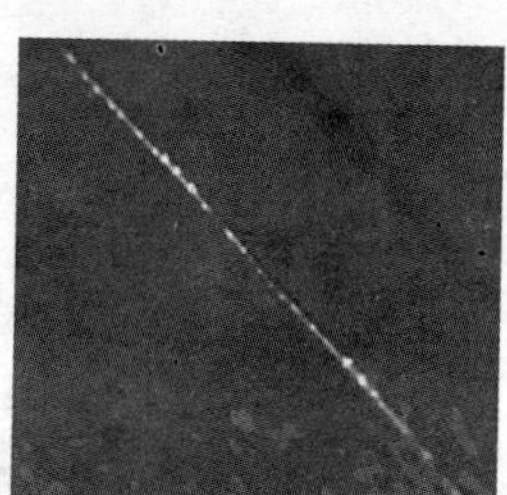
1）在所要割锯的木料上，画好图案的线条；

2）先在一个空白的地方用手电钻钻一个小孔；
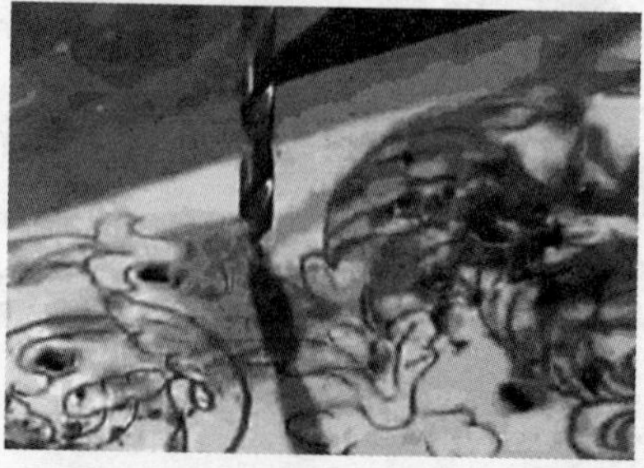</td></tr>
</table>

续表

种类	图示及说明
 钢丝锯	3）将钢丝穿过去，扣在竹弓的钉子上； 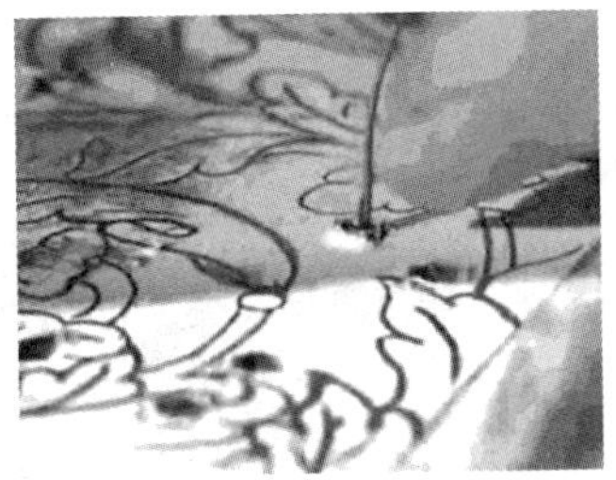  4）用手握住竹弓，依照线条顺势推拉。  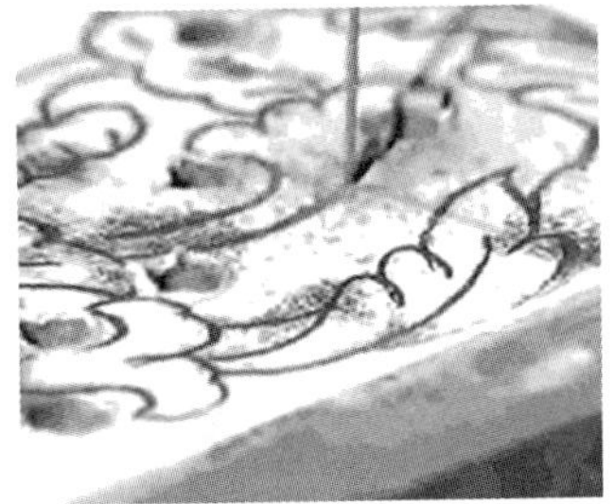 注意：用力不能太猛，以免将线条以外的部位碰坏，影响整体的图案效果。 使用钢丝锯最大的好处，就是可以在木料的任何位置，加工镂空的图案，又可以不破坏木料的边缘。 

3. 刨

刨的种类及使用方法，见表 4-3。

刨的种类及使用方法 表 4-3

<table>
<tr><th>种类</th><th>图示及说明</th></tr>
<tr><td>平刨</td><td>刨是木工的重要工具之一，它的作用是把木材刨削成平直、圆、弯曲等不同形状。
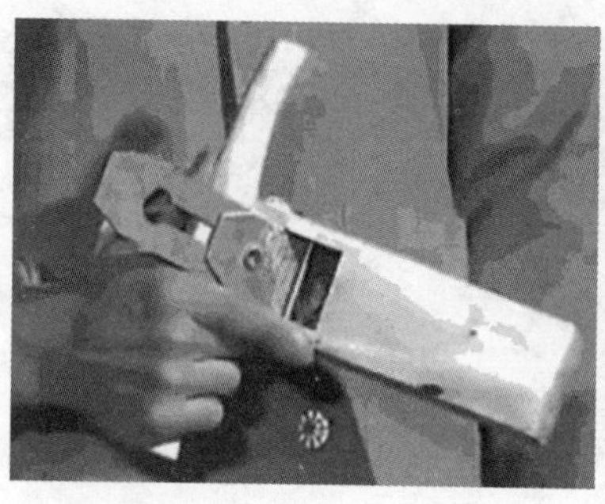
木材经过刨削之后，表面会变得平整、光滑，并且具有一定的精确度。
在开始刨削之前，要调整刨刃，将刨刃打出刨床底座，刃口露出的多少，要依据刨削量而定，一般是 0.1 ～ 0.5mm，最多不可以超过 1mm。

用单眼检查露出量的大小，如果露出得过大，需要退出些，可以轻敲刨床的后端，直到合适为止。
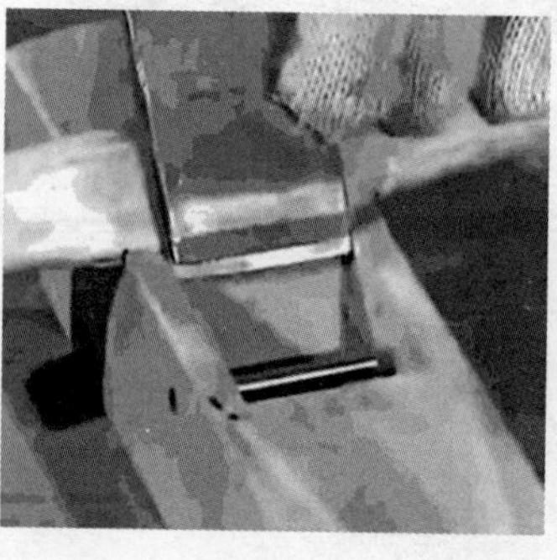</td></tr>
</table>

续表

种类	图示及说明
平刨	在刨削之前，应该对木材表面进行选择，一般要选择洁净、整齐、纹理清楚的作为正面。 推刨时一般用双手的中指、无名指和小拇指紧握手柄，食指紧顶住刨上面盖铁，大拇指推住刨身的手柄，用力向前推进。 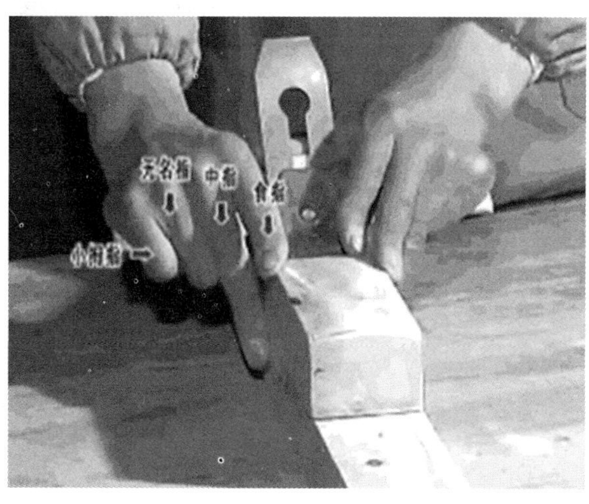 操作的时候，两腿必须立稳，上身略向前倾。如果木料比较长，身体就要随着刨的推进向前移动。手中的刨要保持平稳，尤其是刨到木料前端时，刨不要翘起或滑落；退回时应该将刨后部稍微抬起，以免刃口在木料上摩擦，致使刃口迟钝。   第一面刨好后，用单眼检查材面是否平直，达到标准后，刨相邻的侧面。 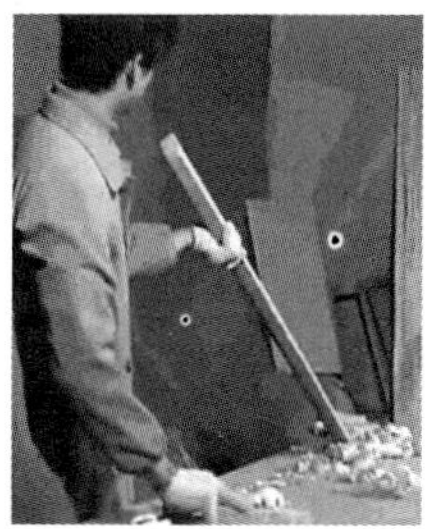

续表

种类	图示及说明	
槽刨	槽刨主要用于需要抽槽的木器构件。 槽刨在使用前要调整好刨刃刃口的露出量。推槽刨的姿势与推平刨相同。 向前推送，刨削时不要一开始就从后端刨到前端，应先从离前端 150 ～ 200mm 处开始向前刨削，再后退同样距离向前刨削。按此方法，人往后退，刨向前推，直到最后将刨从后端一直刨到前端，使所刨的凹槽或线条深浅一致。	 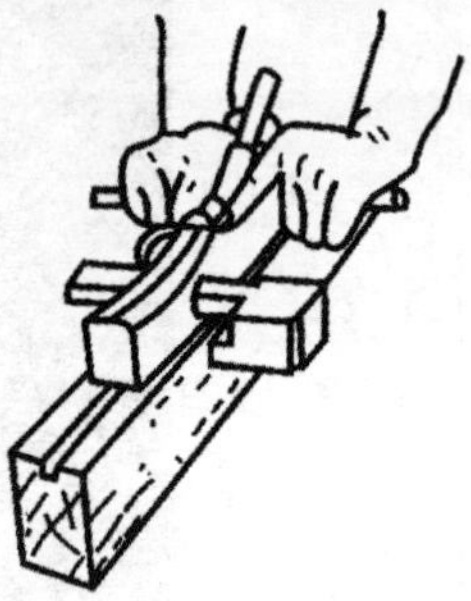
边刨	边刨有两种，一种用于铲削高低裁口线，刨身较短（约长 350mm）；另一种用于薄板拼缝，刨身较长（约长 450mm）。 边刨在结构上类似于单手左侧开通式槽刨，底部镶有能活动的硬木限位板。 边刨应一手拿住刨，另一手扶住木料。	
弯刨	弯刨又称螃蟹刨，是刨削圆弧、弯料的专用工具，平时很少使用。	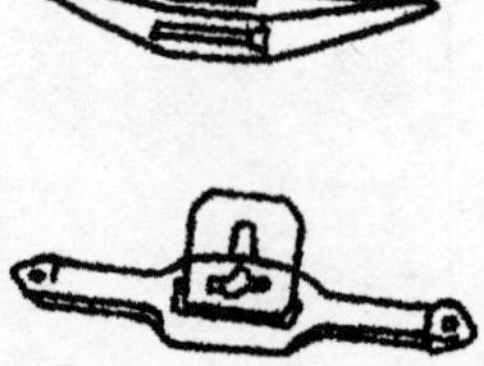

续表

种类	图示及说明
线刨	线刨为成品棱角处开美术线条的专用工具，平时很少使用。 线刨在使用前要调整好刨刃刃口的露出量。 向前推送，刨削时不要一开始就从后端刨到前端，应先从离前端 150 ～ 200mm 处开始向前刨削，再后退同样距离向前刨削。按此方法，人往后退，刨向前推，直到最后将刨从后端一直刨到前端，使所刨的凹槽或线条深浅一致。

4. 斧

（1）斧的种类

斧分为单刃和双刃两种，如图 4-4 所示。单刃斧又称偏钢斧，以右方向砍削为主；双刃斧又称中钢斧，左右两个方向劈（砍）削均可。

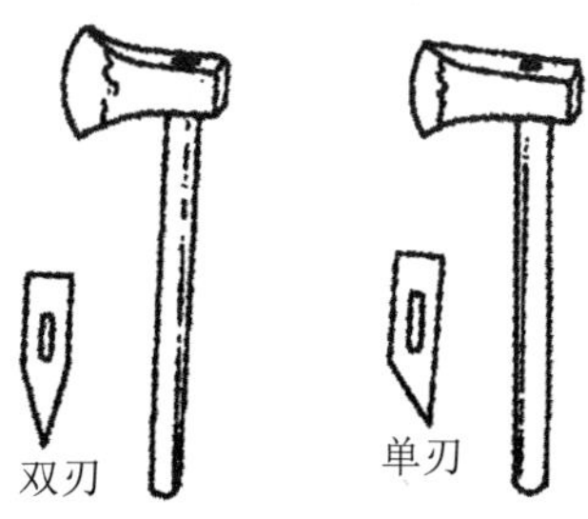

图 4-4　斧子

（2）斧的使用方法

斧的使用方法见表 4-4。

斧的使用方法 表 4-4

使用方法	图示及说明
劈削	劈削是指立砍，操作时左手扶正木料，右手握斧，以墨线为准，适当留出刨削余量，然后挥动右手小臂，用力向下扣腕，使斧刃顺木纹劈削。 运斧砍削时要注意安全，防止斧柄下落碰到别的东西而砍偏伤人，砍削时动作要准确、有力，手扶料要稳，料要放平垫实。 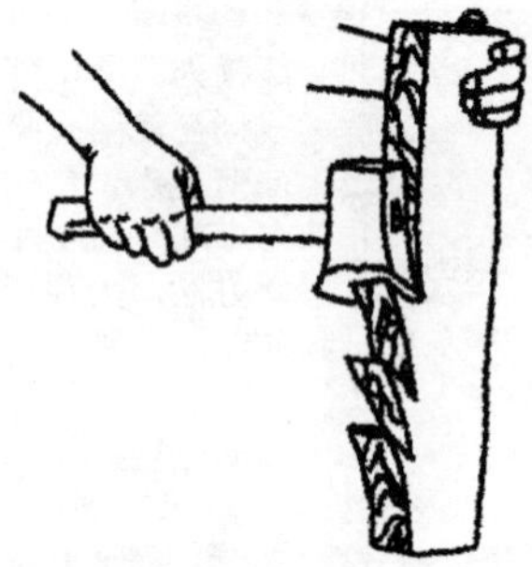
敲击	在凿制木榫孔和构件装配过程中，木工习惯用斧背敲击凿柄和构件。用斧敲击凿柄时，斧刃、斧柄、斧背应呈横向状态平击，左手握紧凿柄，右手持斧头准确击打凿柄，以免损伤工具并防止工伤事故发生。 斧用完以后，要妥善保管，不得放在工作台边缘或凳上，以免失落损坏斧刃或伤人。
斧的研磨	斧刃应避免与铁具、砂石等硬物相碰，如果刃口用钝或出现缺口时，要在磨石上研磨。 研磨时，手势要稳，左右手前后移动时，动作要一致，握斧头的右手要使斧头的研磨面紧贴磨石平面，不可翘动。 当斜面磨成青灰色，锋口用手轻摸感觉有卷口时，即可翻面，将斧的平面紧贴磨石稍磨几下，去除卷口。磨好的斧刃要锋利、无缺口、刃口挺直、斜面成一平面。 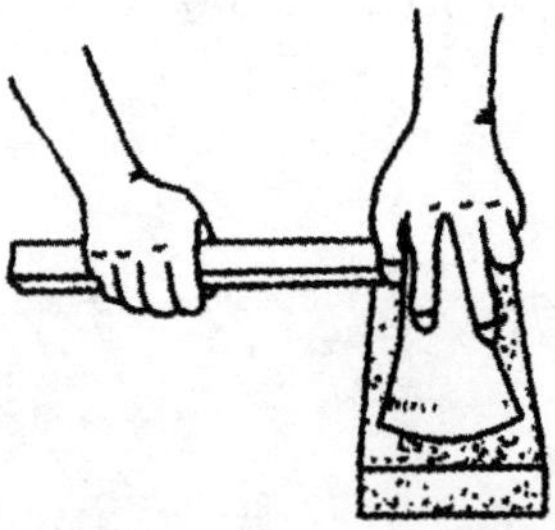

5. 量具和画线工具

1）量具的种类及使用方法，见表 4-5。

量具的种类及使用 表 4–5

<table>
<tr><th>种类</th><th>图示及说明</th></tr>
<tr><td>量尺</td><td>①钢卷尺：钢卷尺用不锈钢薄钢板制成，卷装在钢（或其他材料）制成的小盒内，尺长分别为 1m、2m、3m 和 5m。钢卷尺携带方便，测量尺寸比较准确，应用广泛，是木工必备的一种量尺。

②木折尺：木折尺是用材质较好的薄木片制成的。有四折木尺、六折木尺和八折木尺。四折木尺长为 50cm，六折木尺和八折木尺长为 1m。使用折尺时要紧贴被量物面展开拉直。
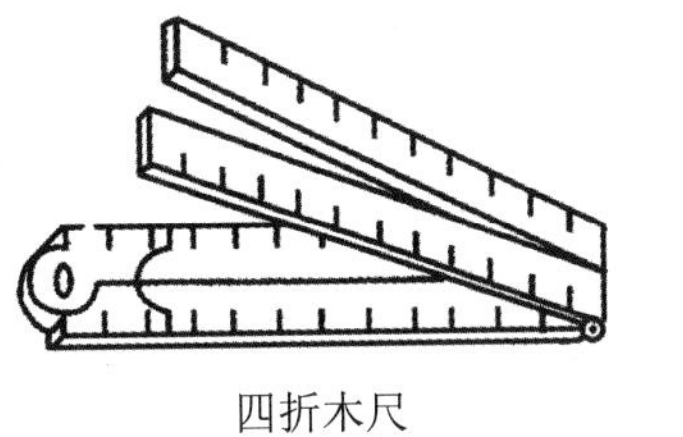
四折木尺
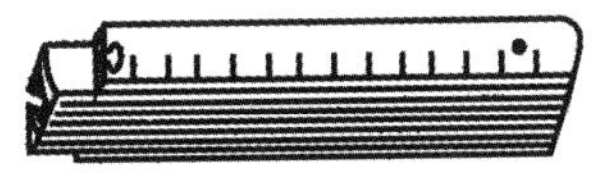
八折木尺</td></tr>
<tr><td>角尺和三角尺</td><td>①角尺：又称方尺、曲尺或拐尺。分为小角尺和大角尺两种。
小角尺的尺座长为 150 ～ 200mm，用铸铝或铸铁加工而成；尺翼长约 300mm，用不锈钢板加工而成。尺翼较薄，尺座较厚，两者之间用榫结合，互相成为直角。

</td></tr>
</table>

续表

<table>
<tr><th>种类</th><th>图示及说明</th></tr>
<tr><td>角尺和三角尺</td><td>大角尺不带尺座，由不锈钢薄板直接制成，长边和短边的宽度和厚度相同，长边为500mm，短边为长边的1/2。两边所形成的内外角均为90°（直角）。
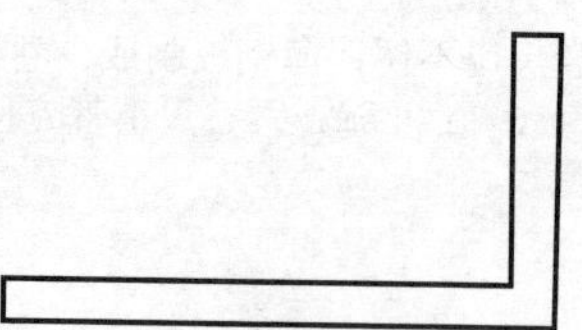
角尺用于画垂直线和平行线，或用于检查木料是否平整、相邻面是否成直角。
②三角尺：三角尺又称斜尺或搭尺。三角尺用不变形的木材制成，尺翼较薄，尺座较厚，形状呈等腰三角形，尺翼与尺座的夹角为90°，其余两个角均为45°，使用时将尺座紧靠木料边缘，沿尺翼斜边即可画出45°斜线，沿尺翼直角边则可划出横线或垂直线。
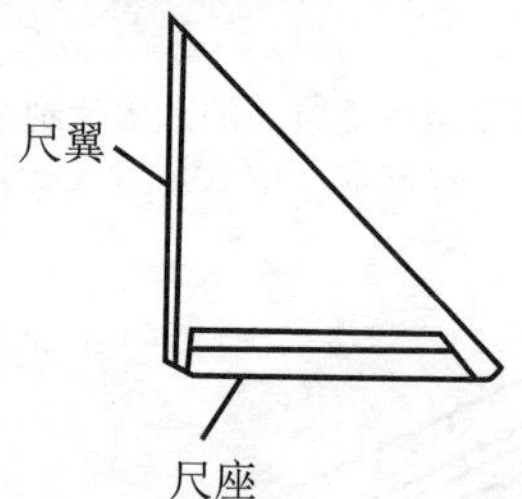

另外有一种称为活络角尺（又称活尺），它可以任意调整角度。使用时先将螺栓放松，在量角器上对准所需角度后，拧紧螺栓，将活络角尺移到构件上，即可画出所需角度的斜线或测量其角度。
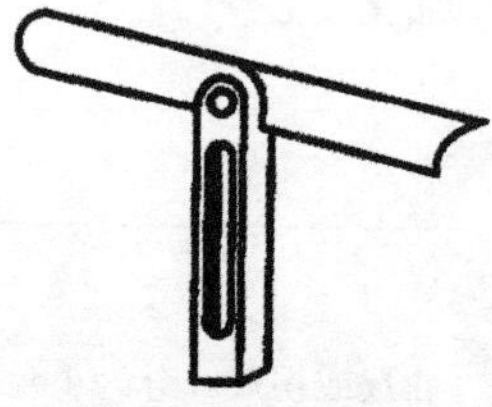</td></tr>
<tr><td>水平尺</td><td>水平尺有木制和钢制两种，尺的中部及端部各装有水准管。

水平尺用于校验物面的水平或垂直。当水平尺放置于物面上，如中部水准管内气泡居中间位置，则表明物面呈水平。将水平尺直立一边紧靠物体的侧面，如端部水准管内气泡居中间位置，则表示该侧面垂直。</td></tr>
</table>

续表

种类	图示及说明
线锤	线锤是用钢制成的正圆锥体，并经电镀防锈，在其上端中央设有中心带孔螺栓盖，通过中心孔可系一条线绳。 线锤用于校验物体的垂直度，在使用时手持线的上端，线锤自由下垂把线张直，目光顺着线绳观察与物体自上到下距离是否一致，如一致则表示物体呈垂直。

2）画线工具的种类及使用方法，见表 4-6。

画线工具的种类及使用方法 **表 4-6**

种类	图示及说明
画线笔	画线笔包括木工铅笔、竹笔等。 ①木工铅笔的笔杆为椭圆形，铅芯有黑、红、蓝三种颜色。使用前将铅芯削成扁平形，画线时使铅芯扁平面靠着尺顺画。  ②竹笔又名墨衬，是用韧性好的竹片制成的，一般长 200mm 左右。削笔时竹青一面应平直，竹黄一面削薄，笔端削成扁宽 15 ～ 18mm，并成 40° 斜角，同时削成多条竹丝。 竹丝越细，吸墨越多，竹丝越薄，画线越细，竹丝长度为 20mm 左右。笔尖稍削成弧形，使画线时笔尖转动方便。使用时，手持竹笔要垂直不偏。 

续表

<table>
<tr><th>种类</th><th>图示及说明</th></tr>
<tr><td>墨斗</td><td>墨斗由摇把、线轮、斗槽、线绳、定钩组成。
使用时定钩挂在木料的一端，墨斗拉向木料的另一端，线绳附在木料的表面；一手拉紧并压住墨斗槽，另一只手垂直将线绳中部提起以后松手，就会在木料上弹出墨线。

 </td></tr>
<tr><td>拖线器</td><td>拖线器又称勒线器或线勒子，它由导板、画线刀、刀杆、元宝式螺栓组成。
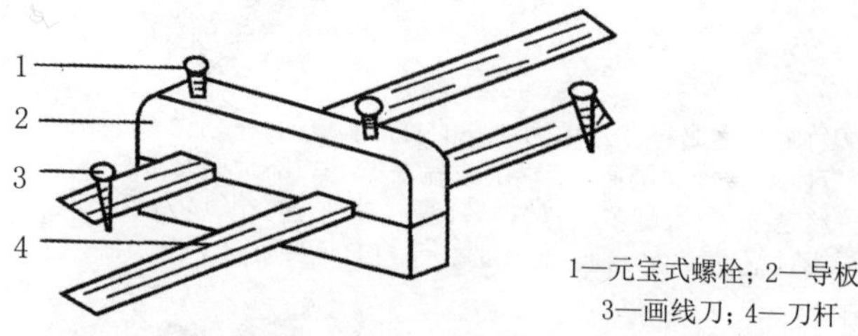
1—元宝式螺栓；2—导板；
3—画线刀；4—刀杆
导板用硬木制成，中间开有两个长方形孔眼，上面装有两个螺栓，用于紧固刀杆。刀杆穿过孔眼，可在孔眼中来回移动，刀杆一端嵌入画线刀。
使用时，按需要调整好画线刀与导板之间的距离，并用导板上的螺栓固定住刀杆，右手握住拖线器，使导板紧贴木料侧面，轻轻移动导板，就可在木料面上画平行线。画单线时用一个刀杆；画双线时用两根刀杆。</td></tr>
</table>

续表

种类	图示及说明
圆规	圆规主要用来等分线段，或画圆和圆弧等。圆规脚的尖端应锐利，否则画出的线段往往不准确。 
分度角尺	分度角尺由尺座、量角器、尺翼、销钉、螺栓等组成，如图所示。尺座用金属（或胶木、塑料、不易变形的硬木）制成，其尺寸为长 × 宽 × 厚＝（150 ～ 200）mm×20mm×（20 ～ 25）mm。量角器外钩的直径宜为 90mm。 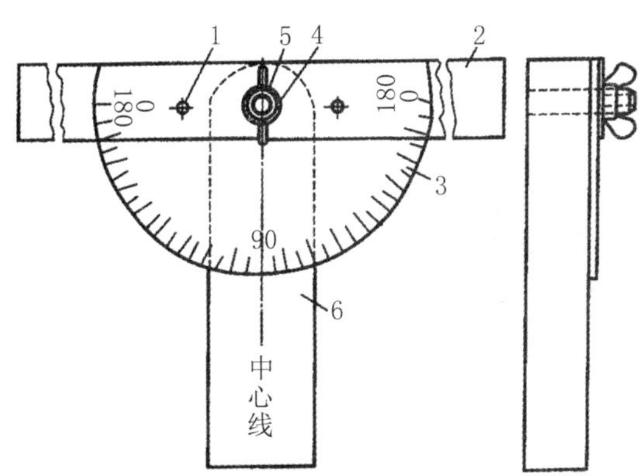 1—销钉；2—尺翼；3—量角器； 4—垫圈；5—螺栓；6—尺座 使用时，在量角器半圆直径的中心点钻一孔。尺翼用厚度为 2mm 的胶木板或不锈钢尺制作，长度为 300 ～ 500mm，宽为 25mm，在尺翼长度的中段中心钻一孔，孔与螺栓成动配合。尺翼和量角器用环氧树脂胶和销钉牢固地组合成一个整体。在组合过程中，尺翼与量角器叠合时，量角器上 90° 刻线必须垂直于尺翼外边，二者的孔必须对正。

第二节 机械工具

1. 机械工具的使用

常用的机械工具包括精密裁板锯、压刨床、角磨机、异型机、气钉枪、手电钻、圆锯机、冷压机等。

精密裁板锯、压刨床等机械工具的使用方法，见表 4-7。

机械工具的使用方法　　表 4-7

名称	图示及说明
精密裁板锯	精密裁板锯可以根据我们需要的尺寸，精密地锯割出合格的板材，是建筑工地和中小型木材加工厂应用较广的一种木工机械。   裁板锯一般由机架、台面、锯片、挡向板、刻度盘、电源开关等组成。 

续表

<table>
<tr><th>名称</th><th>图示及说明</th></tr>
<tr><td>精密裁板锯</td><td>在准备锯割一块木料之前，首先要仔细识别图纸。比如，我们现在要加工一扇门的支架，长 2050mm、宽 125mm，根据图纸要求的具体尺寸，就可以锯割木料了。
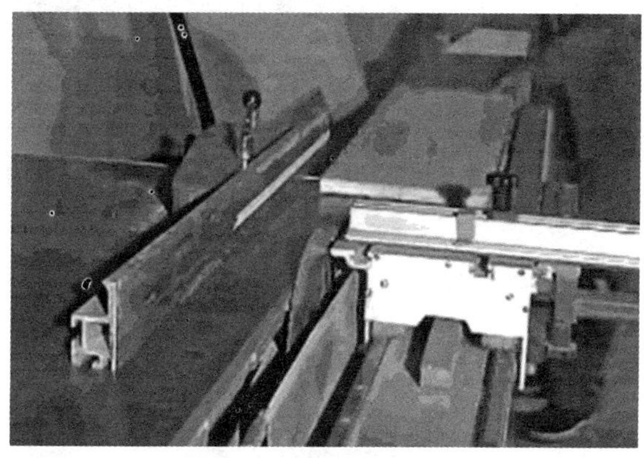
在操作前一定要仔细检查锯片是否有断齿、裂纹的现象，还要检查被锯割的木材上是否有钉子等坚硬物，以防锯伤锯齿，甚至发生伤人事故。
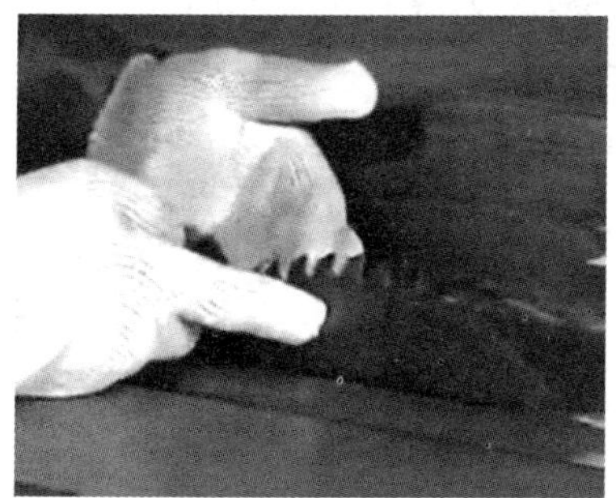 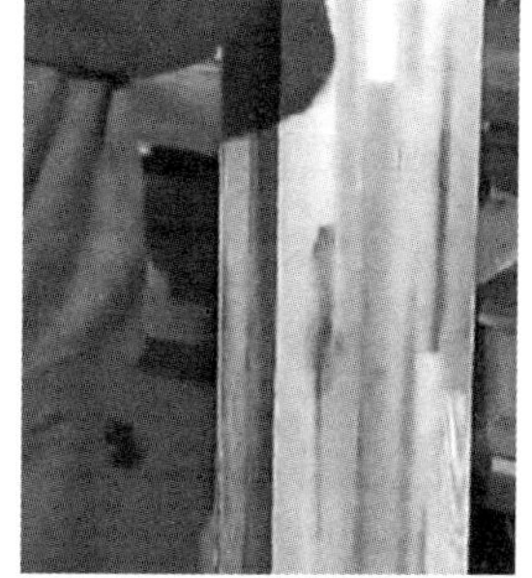
将所需的尺寸调至精确。
</td></tr>
</table>

续表

<table>
<tr><th>名称</th><th>图示及说明</th></tr>
<tr><td>精密裁板锯</td><td>操作时木工应站在锯片稍左的位置，不可以和锯片站在同一直线上，以防木料弹出伤人。

在送料的时候，不要用力过猛，木料必须端平，不要摆动或抬高、压低；锯到有木节的时候要放慢速度，以免木节突然弹出。

在锯割的时候，木料必须紧靠挡向板，不得偏斜；

当锯到木料的尽头时，要及时松开手，不可以继续用手推按，以防锯伤手指。
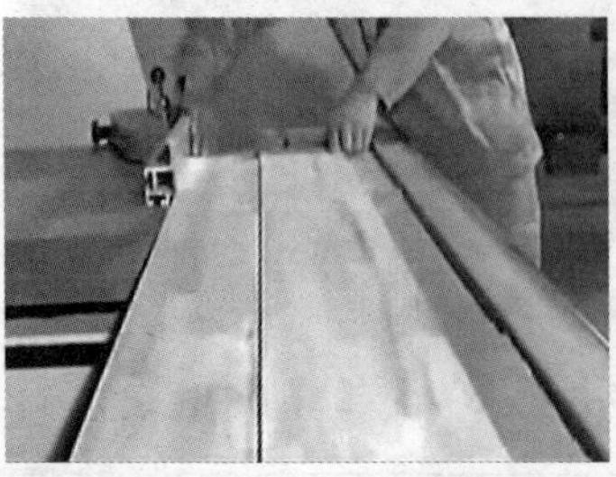 </td></tr>
</table>

续表

名称	图示及说明
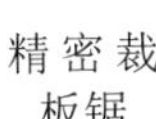精密裁板锯	如果木料卡住锯片，要立即关闭电源。锯割完成后也要及时关闭电源，确保安全。  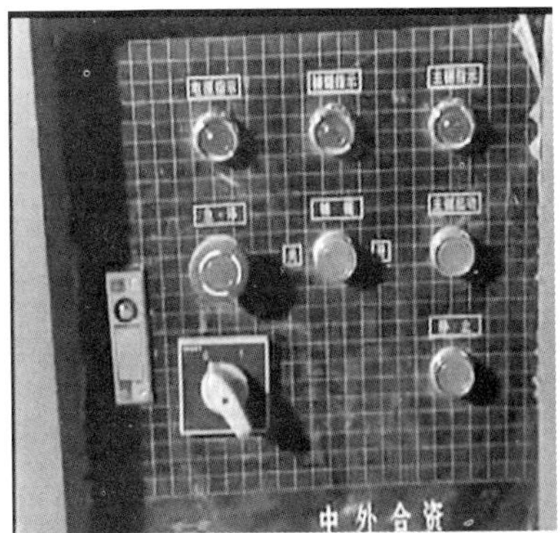 停机后用清扫工具清除锯台上的碎屑、锯末。
压刨床	压刨床经常被我们叫做手压刨，可以用来刨削一个零部件的平面，是施工现场使用比较广的一种刨削机械。   压刨床一般由基座、挡向板、台面、刨刀、尺度调整阀、电源开关等组成。 操作前应全面检查机械各部件及安全装置是否有松动或失灵现象。如果发现问题，要及时修理，才能使用；并且要仔细检查刨刀刃的锋利程度，如果有残缺，刨出的零部件会不平整。

续表

<table>
<tr><th>名称</th><th>图示及说明</th></tr>
<tr><td>压刨床</td><td>认真测量木料尺寸，根据这个尺寸，再精确调试刨床。

并且要记得检查被刨削的木料上是否有钉子等坚硬物。

操作时，左手压住木料，右手均匀推进，不可猛力推拉。要特别注意的是，手指不可以按木料的侧面，以防刨伤手指。

压刨完成后，如果中间要间歇，一定及时关闭电源，并用清扫工具及时清除碎屑和锯末。
因为压刨床在加工生产的过程中，使用的频率较高，所以很容易发生故障，要及时检修。
一般的故障原因有：
1）刨刀的螺丝松动，致使刀片飞出伤人；
2）操作时没有仔细选料，将有硬结或钉子的木料推进刀口，使刀片缺口或卡住；</td></tr>
</table>

续表

名称	图示及说明
压刨床	3）电源接触不良、传动装置失灵等。 故障发生后应该立即切断电源，请专业维修人员维修。 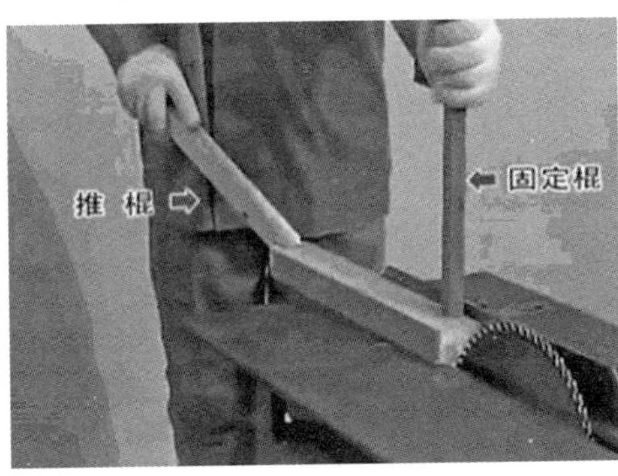 推棍就是将一根 20cm 左右的木棍一端开一个 V 形槽，固定棍用一根 20cm 左右的结实木棍就可以了。  具体的使用方法：将推棍的 V 形口卡在木板后方边缘，用固定棍在上方压住木板就可以工作了。 

续表

<table>
<tr><th>名称</th><th>图示及说明</th></tr>
<tr><td>异型机</td><td>异型机一般由电脑直接控制，下面主要介绍如何配合电脑操作人员对异型机进行操作。
首先要选择好合适的钻头和铣刀；
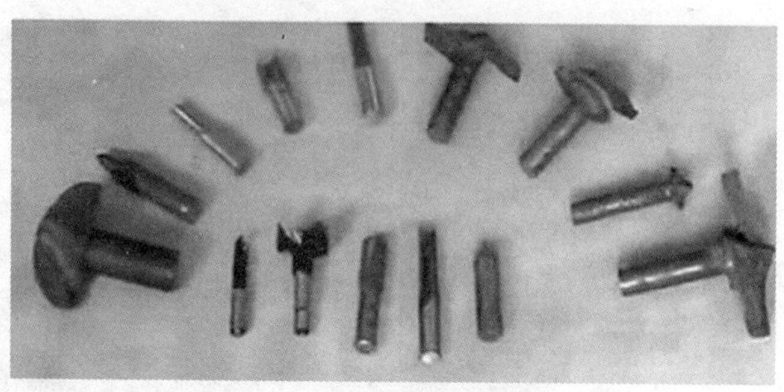
并要用卡尺对钻头进行测量，以判断是否适合图案的大小要求。
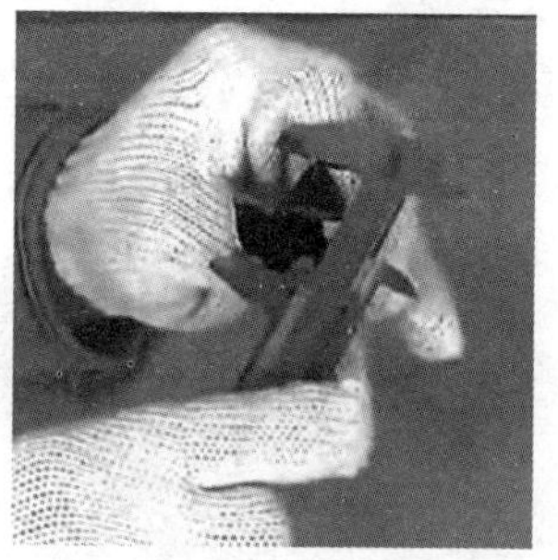
在更换钻头和铣刀之前，要认真检查刀刃是否有豁口、裂缝，以免影响所加工图案的质量，并且还有可能损坏机器本身。
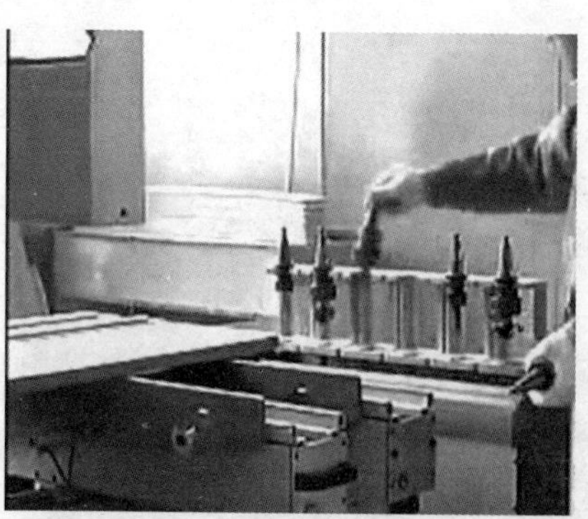 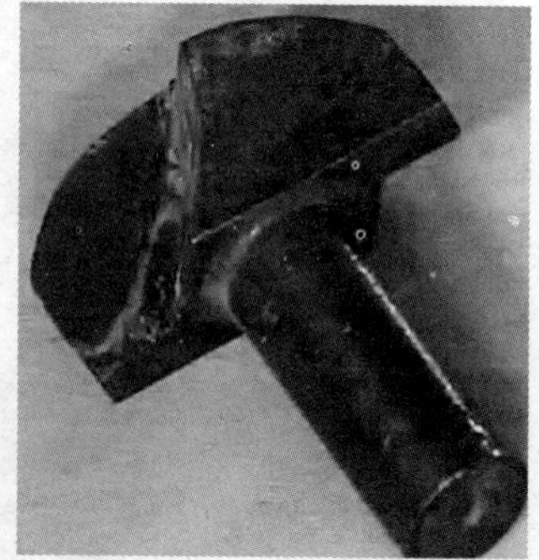</td></tr>
</table>

续表

<table>
<tr><th>名称</th><th>图示及说明</th></tr>
<tr><td>异型机</td><td>在调试好钻头和铣刀之后，还要仔细检查即将加工的木料，上面不可以有硬结和其他影响表面光滑的物品。

将准备好的木料放在机器的台面上，木料的一边要严密地靠在挡向板上，同时更重要的是将木料紧紧地吸附在台面下方的吸盘上，用力均匀的下压。只有将木料和吸盘紧密地结合在一起，才能保证图案的位置符合标准。

 </td></tr>
</table>

续表

名称	图示及说明
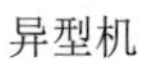 异型机	固定好木料之后，我们还需要用尺准确地测量一下木料的尺寸，以便更精确的加工。以上这些工作做好以后，技术人员就可以开启电脑进行显刻图案了。  在开启电源之前，所有的人员都要退到安全栏以外，并且确保安全栏上的激光灯区域不可以有障碍物。只要被激光灯照射到的地方，有人员或物品，机器就会停止工作。  在异型机进行显刻的过程中，我们还要时刻注意观察，若发现有什么疏漏，要及时停止以免造成损失。  

续表

名称	图示及说明
圆锯机	圆锯机操作前，应先检查锯片是否安装牢固，并装好防护罩及保险装置。锯剖长料时，要两人同时配合进行。锯剖时，根据构件的规格先调整好导板，当锯片运转正常后，上手将木料沿着导板均匀地送进。当木料端头露出锯片后，下手用拉钩抓住，均匀地拉过，待木料拉出锯台后，方可用手接住。  锯剖短木料时，必须使用推杆送料，以防锯齿伤手。进料速度要根据木料的软硬程度、节疤情况等灵活掌握，推料不要用力过猛，遇节疤处速度要放慢。木料夹锯时应关掉电机，在锯口处插入木楔扩大锯路再锯。不论横向或纵向锯剖，木料都应与锯台面贴平贴实。横向锯剖应对准截料线，纵向锯剖应沿靠导板，否则偏斜不齐，影响质量。为了避免锯剖时锯片因摩擦发热而产生变形，可在台面下锯片两侧安装冷水管，供锯剖时喷水冷却用。对轴承和锯轴要经常检查和上润滑油。
电钻	木工常用的电钻有用于打螺钉孔的手枪电钻和手电钻，以及装修时在墙上打洞的冲击钻。  操作电钻时，应注意使钻头直线平稳进给，防止弹动和歪斜，以免扭断钻头。加工大孔时，可先钻一小孔，然后换钻头扩大。钻深孔时，钻削中途可将钻头拉出，排除钻屑继续向里钻进。 使用冲击钻在木材或钢铁上钻孔时，要把钻调到无冲击状态。

续表

名称	图示及说明
电刨	手提木工电刨是以高速回转的刀头来刨削木材的，它类似倒置的小型平刨床。 操作时，左手握住刨体前面的圆柄，右手握住机身后的手把，向前平稳地推进刨削。往回退时应将刨身提起，以免损坏工件表面。  手提电刨不仅可以刨平面，还可倒楞、裁口和刨削夹板门的侧面。
手提磨光机	磨光机是用来磨平抛光木制产品的电动工具。它有带式、盘式和平板式等几种。 操作时，右手握住磨机后部的手柄，左手抓住侧面的手把，平放在木制产品的表面上顺木纹推进，转动的砂带将表面磨平，磨屑收进吸尘袋，积满后拆下倒掉。  磨光机砂磨时，一定要顺木纹方向推拉，切忌原地停留不动，以免磨出凹坑，损坏产品表面。用羊毛轮抛光时，压力要掌握适度，以免将漆膜磨透。

2. 机械的安全操作要求

(1) 操作前的要求

1）穿好工作服，戴好护发帽，穿好安全鞋，佩戴必要的劳动防护用品，如防尘口罩、护目镜、护耳器。

2）检查工作环境，地面要平坦干净，木料堆放整齐，要放置在合适的地方。工作场所照明要符合设计要求。

3）检查刀具是否锋利，有无缺口或裂纹，锯片无尘埃附着，发现问题，及时处理。

4）装刀具时要慢慢插入主轴中，先用手转动螺帽，再用扳手拧紧。

5）各向滑动部位、手摇把手的轴承、齿轮链条等转动机构注以适量的机油，检查各处螺母有无松动。

6）在确认限位器位置的同时，检查是否固定牢靠。

7）检查三角皮带是否损坏，防护罩是否损坏，固定螺丝是否松动。

8）检查安全装置有无异常，确认制动器能否及时制动。

（2）操作中的要求

1）开机后，待电锯机达到最高转速后方可进行送料。进料速度根据木料材质，有无节疤、裂纹和加工厚度进行控制，送木料要稳、慢，不可过猛，以防损坏锯条、锯片，伤人。

2）操作带锯机时，要注意锯条运转情况。如锯条前后窜动，发生异常现象或发生破碎声，应立即停机，以防锯条折断伤人。

3）送料时，手和刀具要保持一定距离，必要时要使用推木棍。

4）操作时不得调整导板。

5）操作圆锯时送料工与接料工配合好。送料站在锯片侧面，木料夹锯时应立即停机，在锯口插入木楔扩大锯路后继续操作。

6）锯片两边的碎木、树皮、木屑等杂物，应使用木棍消除，不得直接用手清除，以防伤手。

7）机械运转30min左右后，切断电流，用手触摸主轴轴承是否发热，如温度过高应停机并报告作业主管和维修人员。

8）检查固定安全装置的螺钉、螺母有无松动。

9）接料要压住木料，以防回跳伤人。

（3）操作后的要求

1）操作完毕，要切断电源，检查总成和开关是否发热，若发现开关发热，可能是接触不良或接线松动，应及时报告主管采取措施。

2）用气筒或扫帚清扫机械设备、操作现场，检查螺钉、螺母是否松脱。

3）带锯卸锯条时，一定要切断电源，待锯条停稳后进行操作，换锯条时，要将锯条拿稳，防止锯条弹出伤人。

以上是一般的机械安全操作要求，对于具体的木工机械，应同时遵守相应的安全操作规程。

第三节 其他工具

1. 水准仪

（1）微倾式水准仪的基本构造

微倾式水准仪的基本构造如图 4-5 所示，DS_3 型微倾式水准仪主要由望远镜、水准器和基座三部分组成。

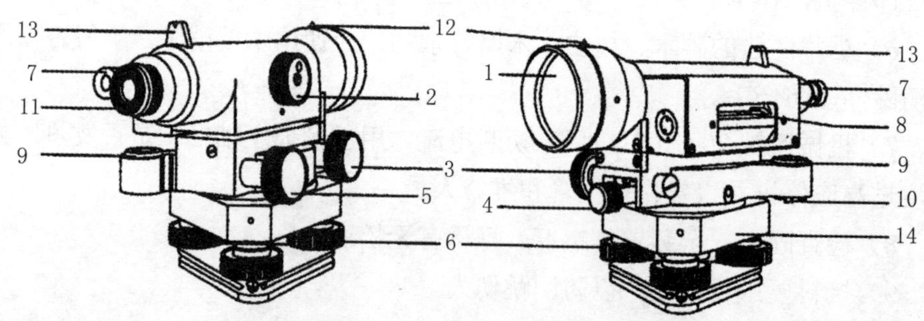

图 4-5 DS_3 型微倾式水准仪

1—物镜；2—物镜调焦螺旋；3—水平微动螺旋；4—制动螺旋；5—微倾螺旋；6—脚螺旋；7—符合气泡观察镜；8—水准管；9—圆水准器；10—校正螺丝；11—目镜；12—准星；13—照门；14—基座

1）望远镜：望远镜主要由物镜、目镜、物镜调焦（对光）螺旋和十字丝分划板组成，其作用是提供一条水平视线，精确照准水准尺进行读数，如图 4-6 所示。

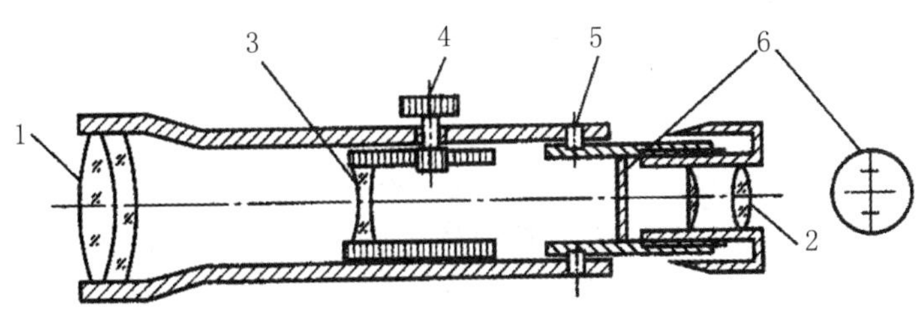

图 4-6 望远镜

1—物镜；2—目镜；3—对光透镜；
4—物镜对光螺旋；5—固定螺丝；6—十字丝分划板

2）水准器：水准器是水准仪的整平装置，分为管水准器和圆水准器两种。管水准器用来判断视准轴是否水平，圆水准器则用来判断仪器竖轴是否竖直。

3）基座：基座主要由轴座、脚螺旋和连接板等组成。其作用是用来支撑仪器的上部，并通过连接螺旋使仪器与三脚架相连。调节基座上的三个脚螺旋可使圆水准器气泡居中。

（2）微倾式水准仪的基本操作

1）安置仪器：撑开三脚架，根据观测者的身高，调节三脚架的架腿高度，使高度适中；架头大致水平，将三脚架的三个架腿踏牢；从仪器箱中取出水准仪，用脚架上的连接螺旋将水准仪固连在三脚架的架头上。

2）粗略整平：粗略整平是指调节基座上的三个脚螺旋使圆水准器的气泡居中，从而使仪器竖轴竖直。具体操作如下：

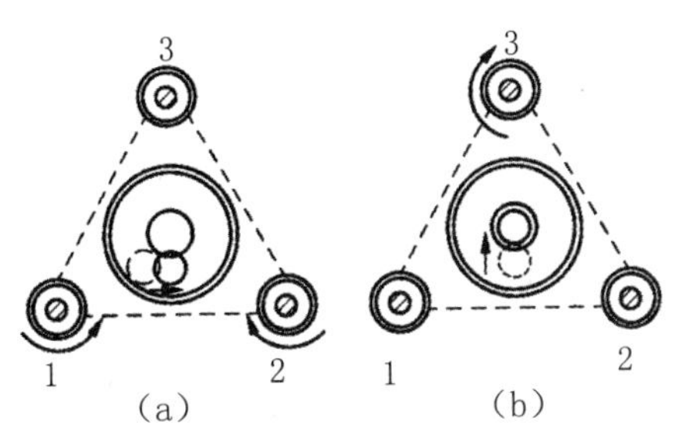

图 4-7 粗略整平

① 转动望远镜使其视准轴与 1、2 两个脚螺旋的连线垂直，旋转 1、2 两个脚螺旋，使圆水准器气泡移到 1、2 两个脚螺旋连线的中间，如图 4-7（a）所示。旋转脚螺旋时，1、2 两个脚螺旋的旋转方向是相反的。

②旋转第 3 个脚螺旋，使圆水准器气泡居中，如图 4-7（b）所示。

③若发现气泡仍然没有居中，则需重复上述两步操作，直至气泡居中。

整平时，气泡移动的方向与左手大拇指旋转脚螺旋的方向是一致的。用双手同时操作两个脚螺旋时，应以左手大拇指的转动方向为准，同时向内或向外旋转。

3）瞄准目标

①目镜调焦。将望远镜对向明亮处，旋转目镜调焦螺旋使十字丝清晰。

②粗略瞄准。转动望远镜，利用望远镜筒上的照门和准星瞄准水准尺，拧紧制动螺旋。

③物镜调焦。旋转物镜调焦螺旋，使水准尺成像清晰。

④精确瞄准。旋转水平微动螺旋，使十字丝的竖丝瞄准水准尺的边缘或中央。

⑤消除视差。当物镜调焦不够精确时，水准尺的像并不能成在十字丝分划板上，此时，若观测者的眼睛在目镜端上下微动，就会发现十字丝横丝与水准尺影像之间存在相对移动，这种现象称为视差。如图 4-8（a）、（b）所示，当眼睛位于目镜的中间时，十字丝交点的读数为 a；当眼睛向上或向下时，则会得到不同的读数 b 或 c。只有当水准尺的像与十字丝重合时，不论眼睛在任何位置，读数均为 a，如图 4-8（c）所示。在观测中，当出现如图 4-8（a）、（b）所示的情况时，应继续旋转物镜调焦螺旋，直至水准尺的像精确成在十字丝分划板平面上，确保视差消除。

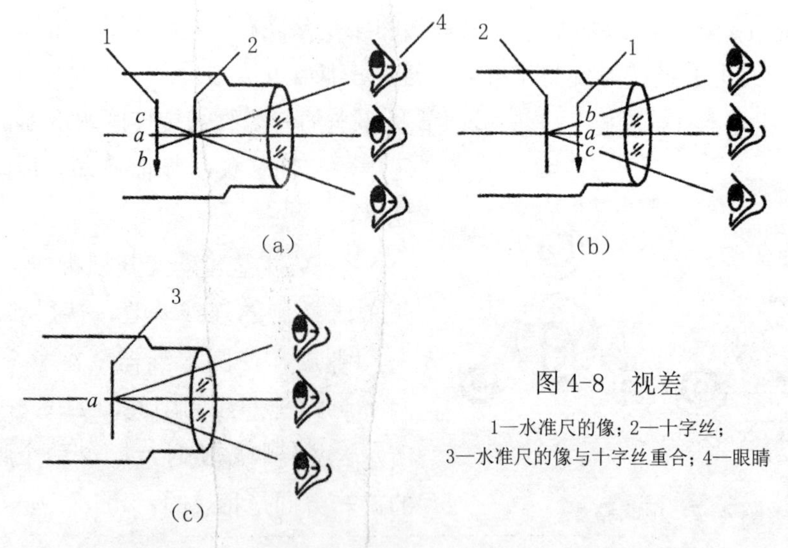

图 4-8 视差

1—水准尺的像；2—十字丝；
3—水准尺的像与十字丝重合；4—眼睛

4）精平与读数

①精平。精平是指旋转微倾螺旋使水准管气泡居中，水准管轴水平，从而使视准轴水平。如图 4-9（a）所示，观测者应注视符合气泡观察窗，转动微倾螺旋，当水准管气泡两端的像对齐时，水准管轴水平，视准轴亦精确水平。

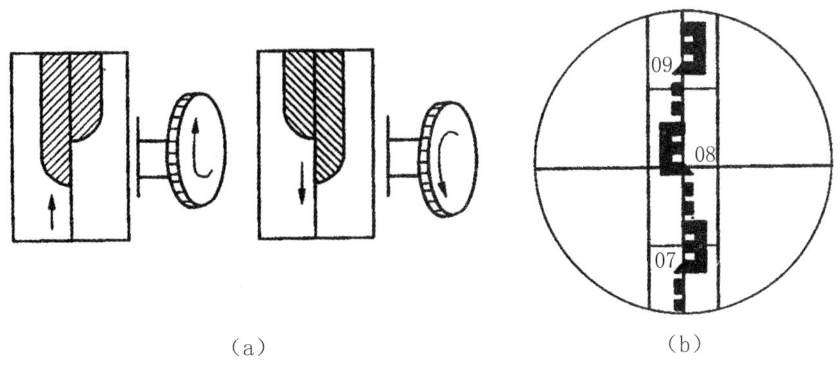

图 4-9　精平读数

②读数。当水准仪精平后，应迅速用十字丝的中丝在水准尺上读数。读数时，应从小到大，即读取米（m）、分米（dm）、厘米（cm）和毫米（mm）四位，其中毫米为估读数；如图 4-9（b）所示，读数为 0.806m。读完数后，还应检查符合气泡是否仍然居中，若气泡偏离，则需转动微倾螺旋使气泡居中后重新读数。

2. 激光铅垂仪

激光铅垂仪是一种供铅直定位的专用仪器，适用于高层建筑、烟囱和高塔架的铅直定位测量。该仪器主要由氦氖激光器、竖轴、发射望远镜、管水准器和基座等部件组成。置平仪器上的水准管气泡后，仪器的视准轴处于铅垂位置，可以据此向上或向下投点。采用此方法应设置辅助轴线和垂准孔，供安置激光铅垂仪和投测轴线之用。激光铅垂仪的基本构造图如图 4-10 所示。

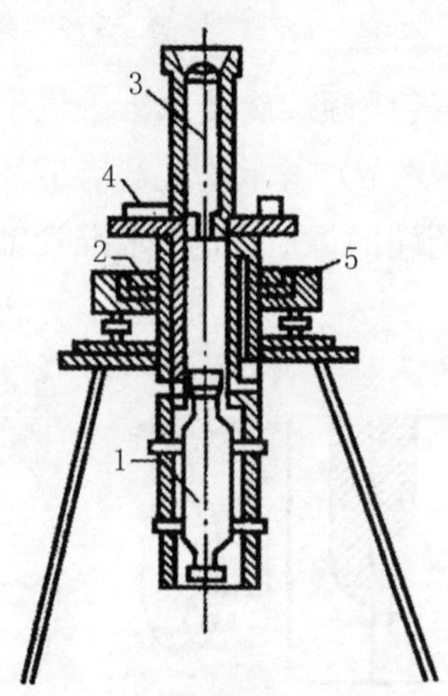

图 4-10 激光铅垂仪构造

1—氦氖激光器；2—竖轴；3—发射望远镜；4—水准管；5—基座

使用时，将激光铅垂仪安置在底层辅助轴线的预埋标志上，严格对中、整平，接通激光电源，启动激光器，即可发射出铅直激光基准线。当激光束指向铅垂方向时，在相应楼层的垂准孔上设置接受靶即可将轴线从底层传至高层。

轴线投测要控制与检校轴线向上投测的竖直偏差值在本层内不超过 5mm，全楼的累积偏差不超过 20mm。一般建筑，当各轴线投测到楼板上后，用钢尺丈量其间距作为校核，其相对误差不得大于 1/2000；高层建筑，量距精度要求较高，且向上投测的次数越多，对距离测设精度要求越高，一般不得低于 1/10000。

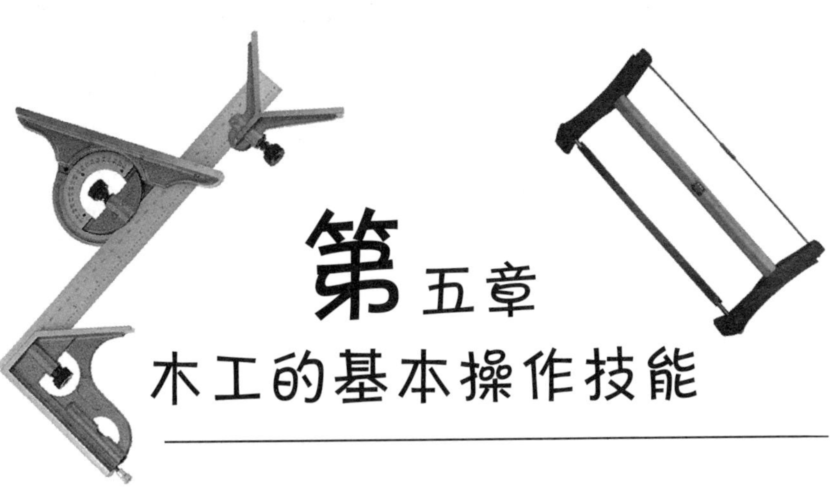

第五章 木工的基本操作技能

第一节 木工操作的基础

1. 技术基础

无论进行哪种操作之前，都要认真识图，根据图纸的正常要求进行加工。

一定要按图纸的要求，精确测量尺寸（图 5-1），在明确图纸要求具体尺寸之后，就可以在原材料上进行画线（图 5-2）。

图 5-1 测量尺寸

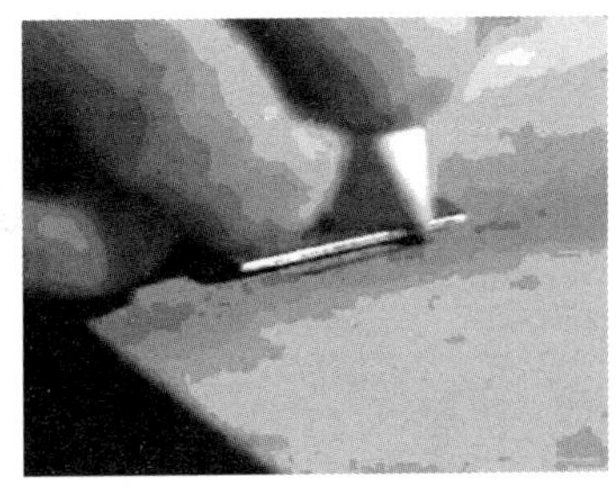

图 5-2 画线

画好线后就可以进一步锯直、刨平或凿榫，这也是木工的基本功（图 5-3）。

(a) 锯直

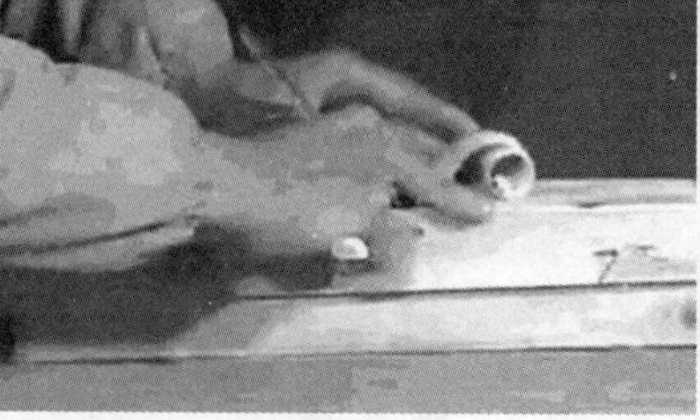
(b) 刨平

(c) 凿榫

图 5-3 木工的基本功

2. 安全基础

(1) 安全防火

必须特别注意的是，无论是天然板材还是人造板材，都是非常容易燃烧的物质，在加工生产的过程中，一定要远离火源，并且现场要备有灭火器械（图 5-4）。

图 5-4 灭火器械

(2) 安全用电

一定要时刻注意安全用电，尤其是安装刀具和调试机器的时候，千万要拉闸断电，并且挂上请勿合闸的警示标志（图 5-5）。

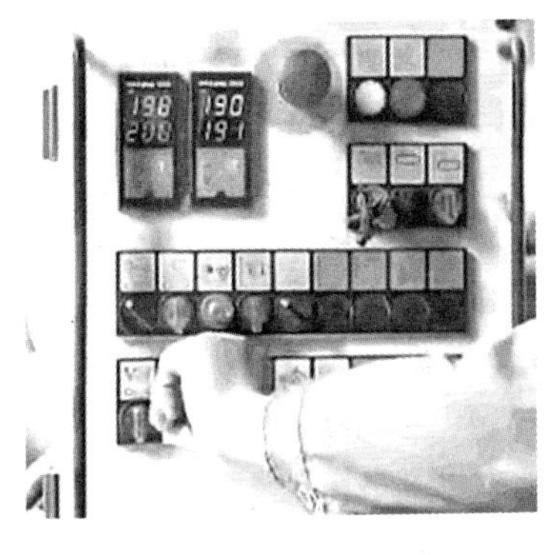

(a) 拉电闸

(b) 放警示标志

图 5-5 安全用电

下班时要关闭总闸，锁好闸箱。

第二节 板面的拼合

板面拼合的方法见表 5-1。

板面拼合的方法 表 5-1

方法	图示及说明
胶粘法	两侧胶合面必须刨平、刨直、对严，并注意年轮方向和木纹，木材含水率应在15% 以下，用皮胶或胶粘剂将木板两侧相邻两侧面黏合。 胶粘法适用于门芯板、箱、柜、桌面板、隔板的黏合，用途广泛。
企口接法	将木板两侧制成凸凹形状的榫、槽，榫、槽宽度约为板厚的 1/3。 常用于地板、门板等。

续表

方法	图示及说明
栽钉接法	将拼接木板相接，两侧面刨直、刨平、对严。在相接触侧面对应位置钻出小孔，将两端尖锐的铁钉或竹钉栽入一侧木板的小孔中，上胶后对准另一木板的孔，轻敲木板侧面至密贴为止。这是胶粘法的辅助方法。 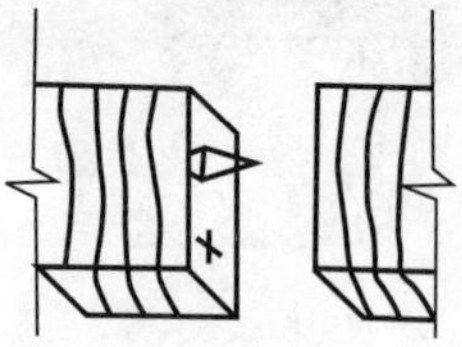
裁口接法	将木板两侧左上右下裁口，口槽接缝须严密，使其相互搭接在一起。 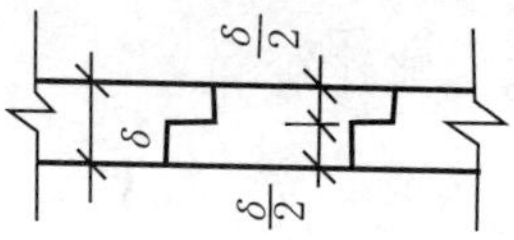 $\frac{\delta}{2}$ δ $\frac{\delta}{2}$ 多用于木隔断、顶棚板，也用于木大门拼板。
销接法	在相邻两块木板的平面上用硬木制成拉销，嵌入木板内，使两板结合起来，拉销的厚度不宜超过木板厚度的1/3，如两面加拉销时，位置必须错开。 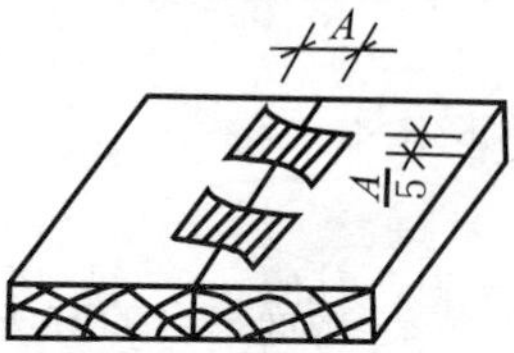 A $\frac{A}{5}$ 用于台面或中式木板门等较厚的木板结合中。
穿条接法	将相邻两板的拼接侧面刨平、对严、起槽，在槽中穿条连接相邻木板，用于高级台面板、靠背板等较薄的工件上。 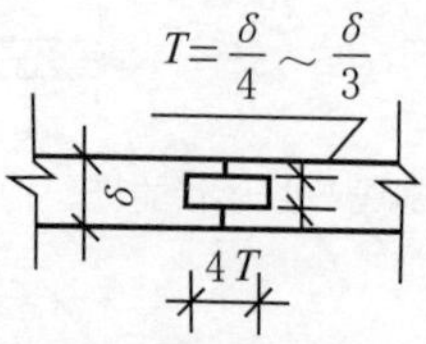 $T=\frac{\delta}{4}\sim\frac{\delta}{3}$ δ $4T$
暗榫接法	在木板侧面栽植木销，并将接触侧面刨直对严，涂胶后将木销镶入销孔中。 用于台面板等较厚的结合中。

第三节 榫的加工和连接

榫的加工和连接，详见表 5-2。

榫的加工和连接 表 5-2

项目	图示及说明
 榫的加工	加工榫的主要工具就是锯（最基本的截割工具），基本用途是将各种规格、形状的材料，加工成为所需的尺寸和形状。   比如，将过长的材料截短；将过厚的材料割薄；还有就是我们经常见到的开榫。 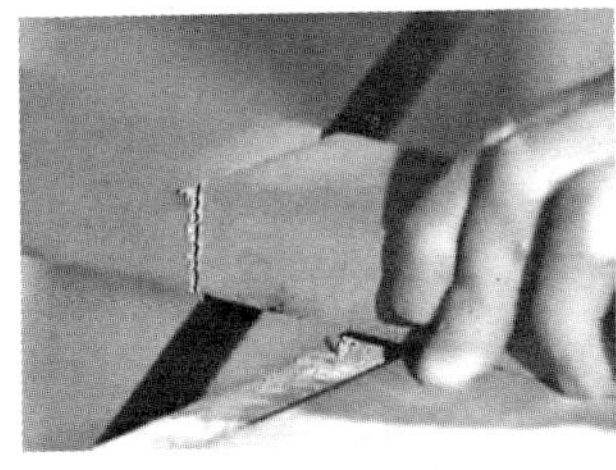  下图是我们常用的一种锯，在锯木料之前，要将所锯的木料放置平稳，不可摇晃，以免造成人身伤害。根据所需的尺寸，准确画好线。 

续表

<table>
<tr><th>项目</th><th>图示及说明</th></tr>
<tr><td>榫的加工</td><td>锯割时，操作的木工应站在木料的左后方，右脚用力踏着木料，右手握住锯柄。
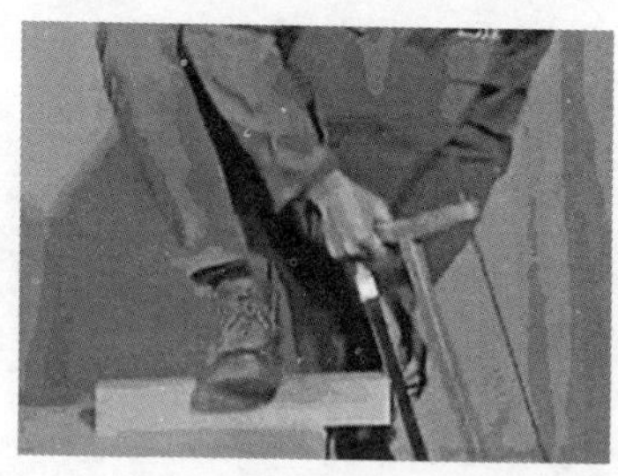
开始锯的时候为了准确地将锯导入需要割据的位置，左手大拇指可以引导锯齿压在画好的线上，轻轻地推拉，等锯齿进入木料后，再加强推拉的力度。在向下推时，因为锯齿产生割锯的作用，所以用力要大一些；回拉时候，由于锯齿已经起不到割锯的作用，就可以将锯稍稍向外顺势提起。要用力均匀，快锯完时要放慢割锯速度，注意用手稳住木料的顶端，防止木料折断。
 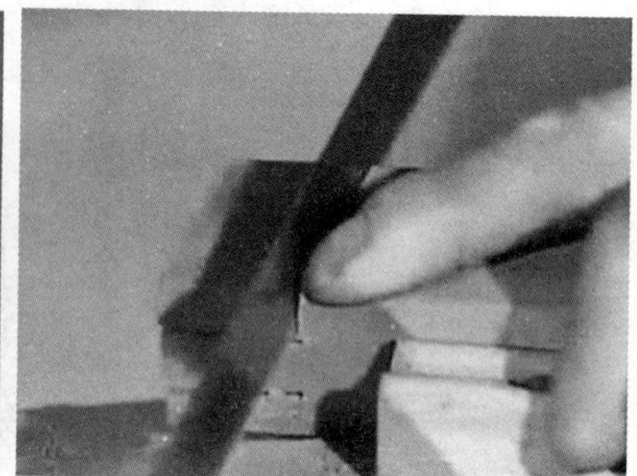
根据上述方法，就可以加工出榫。
</td></tr>
<tr><td>榫锚连接</td><td>在木器加工过程中，部件的连接除了钉子、螺栓连接外，还有一种榫卯连接。因此，开榫、凿眼是使部件连接成一个坚固整体的重要工序。
手工凿榫眼的凿、锤子。</td></tr>
</table>

续表

<table>
<tr><th>项目</th><th>图示及说明</th></tr>
<tr><td>榫锚连接</td><td>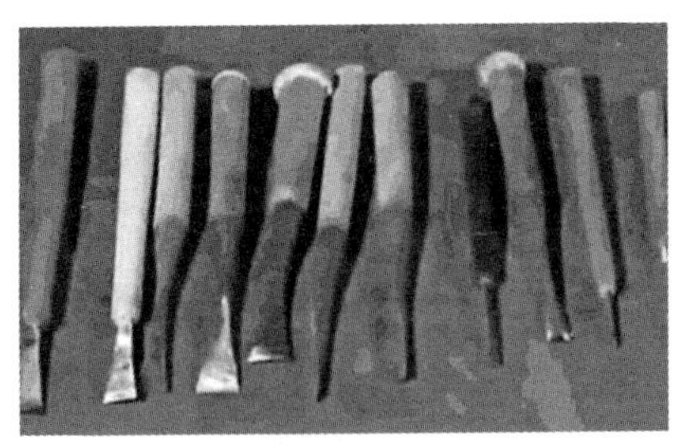 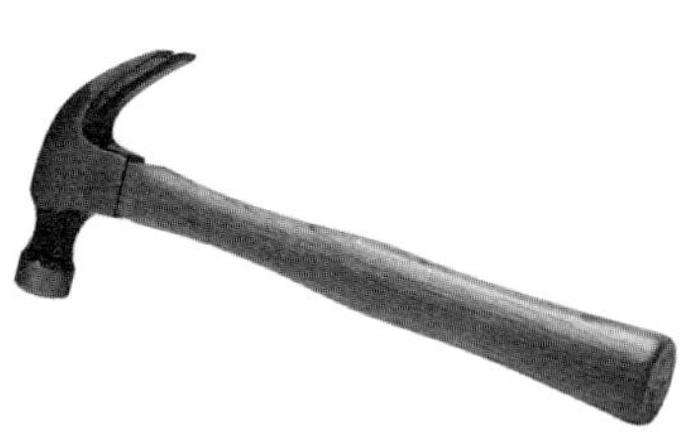
凿有不同的型号，在实际操作中，可以根据榫眼或圆孔的大小、深度、零部件的厚度选择具体的凿。
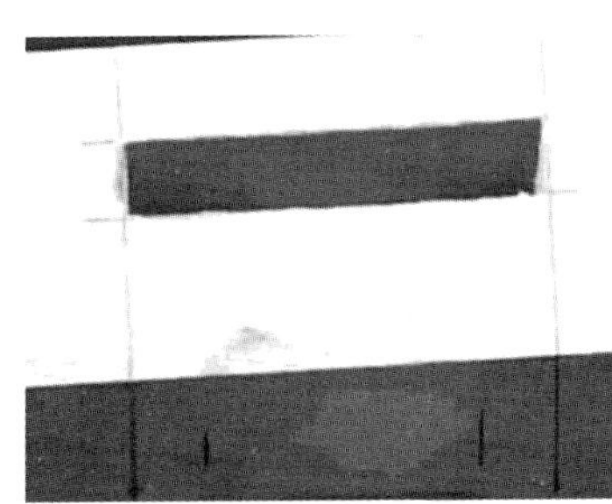 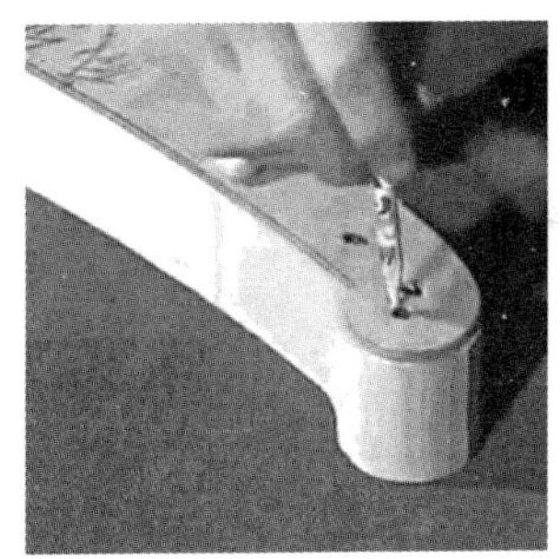
在开榫之前要先根据所需的尺寸在木料上，画好榫眼线，榫眼线可以比实际需要的尺寸小 1 ～ 2mm，榫眼的深度要比榫深 2 ～ 3mm。因为两个部件在连接时是需要敲打才能插入榫眼中，榫眼稍小些可以连接得更紧密。

将画好榫眼线的木料，放在固定的操作台上，木工侧坐在木料上，眼睛要垂直看着所凿的榫眼中心，一手握凿柄，另一只手握锤子。第一凿可在距离靠近身体的榫眼线的地方，凿刃向前，第一凿都不必重敲，拔出凿子后，随即利用凿刃的两个角移动向前，在距离前一凿 5 ～ 10mm 的地方，将凿扶正放稳、看准，用力凿下。</td></tr>
</table>

续表

项目	图示及说明
榫锚连接	然后将凿柄向身边扳，接着向外压，这样就可以踢去木屑。 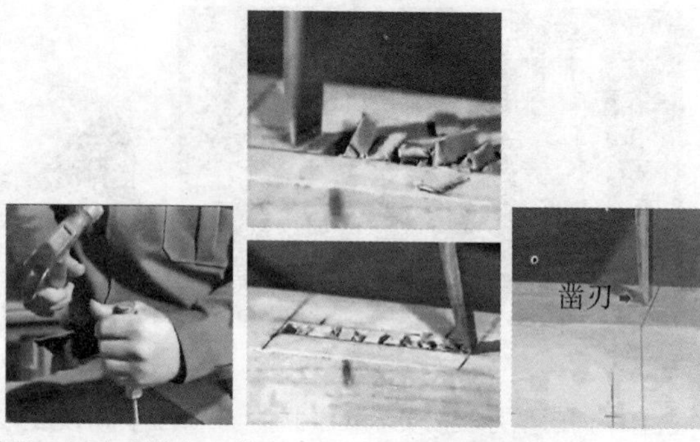 需要注意的是，用力要均匀、恰当，尤其是最后打下的几凿，深度尽量基本一致，如果需要将榫眼凿透时，可将木料翻转，重复前面的动作。将榫眼中间部分，首先凿通，再逐步将榫眼前后壁修直。 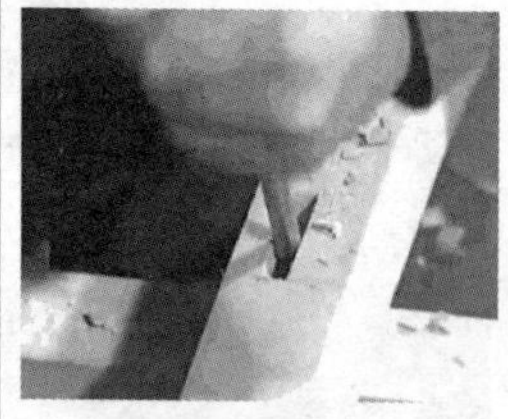   在打凿时，手要紧握凿柄，不要使凿左右摆动，每凿一次就要将凿前后摆动几下。否则只打不摇就容易使凿卡在木料里。同时还要随时注意锤把和凿柄的牢固，以免不小心脱把伤人。  连接时将带有榫眼的木料放在上面，要注意尽量保持水平，准确对准榫眼的位置后，用锤子轻轻敲打，使两块木料紧密连接。需要注意的是，像这种一块木料上需要有两个榫连接时，就要同时敲打，以免木料变形。  

第四节 框的结构

框结合的种类和方法，见表 5-3。

框结合的种类和方法　　表 5-3

方法	图示及说明
十字形结合	在一根方木上开榫槽，另两根方木则做成带棱的斜边榫肩，然后相结合而成，外形美观，连接紧密，常用于门窗棂子。 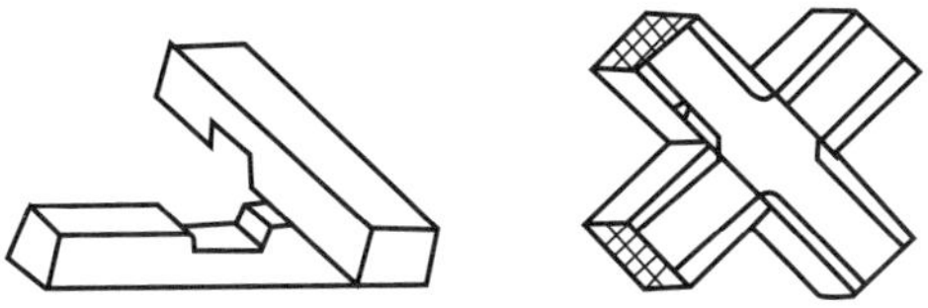
丁字形接合	在一根方木上作榫槽，另一根方木上作单肩榫头，加工简单、方便，为增加结合强度，需带胶粘结和附加钉或木螺钉。 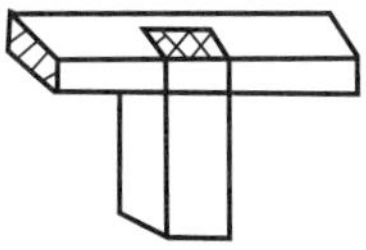
双肩形丁字结合	有两种结合形式，一种是中间插入，另一种是一边暗插，可根据木料厚度及结构要求选用。 
直角柄榫结合	在非装饰的表面，常用钉或销作附加紧固，结合较牢靠，用于中级框的结合。 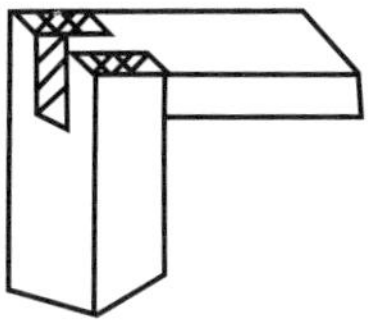

续表

方法	图示及说明
两面斜角结合	双肩均做成 45° 的斜肩，榫端露明。适用于一般斜角接合，应用广泛。 
燕尾榫丁字结合	在一根方木一侧作成燕尾榫槽，另一根作单肩燕尾榫头，用于框里横、竖、斜撑的结合。 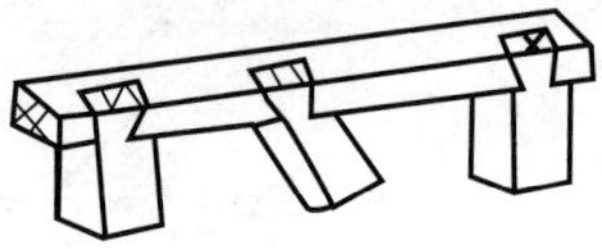

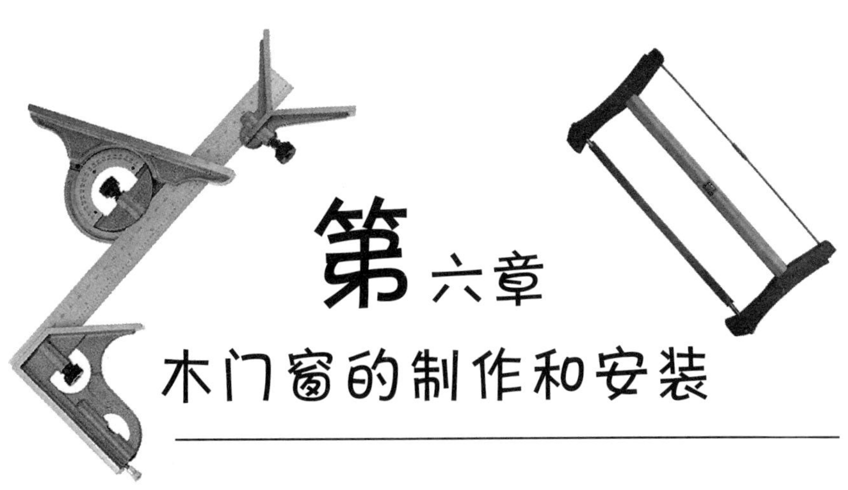

第六章 木门窗的制作和安装

第一节 木门窗的分类和构造

1. 木门窗的分类

（1）木门的形式与分类

1）按门扇的制作不同，木门可分为镶板门、胶合板门、玻璃门、拼板门等，其特点及适用范围见表 6-1。为了满足使用上的特殊需要，还有纱门、保温门、隔声门、防火门、防 X 射线门等。

几种常用木门的特点及适用范围　　表 6-1

类型	图示及说明	
镶板门	构造简单，一般加工条件可以制作；门芯板一般用模板，也可用纤维板、木屑板或其他板材代替；玻璃数量可根据需要确定。适用内门及外门。	

续表

类型	图示及说明
胶合板	外形简洁美观，门扇自重小，节约木材；保温隔音性能较好；对制作工艺要求较高；复面材料一般为胶合板，也可采用纤维板。 适用于内门。在潮湿环境内，须采用防水胶合板。 
玻璃门	外形简洁美观，对木材及制作要求较高；须采用5～6mm厚的玻璃，造价较高。 适用于公共建筑的入口大门或大型房间的内门。 
拼板门	一般拼板门构造简单，坚固耐用，门扇自重大，用木材较多；双层拼板门保温隔音性能好。一般用于外门。 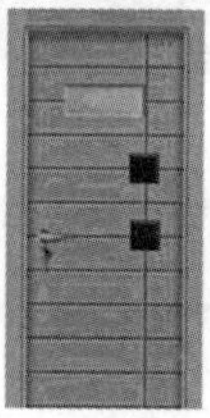

2）按启闭方式的不同，木门可分为平开门、弹簧门、推拉门、转门、折叠门、卷帘门等，其特点及适用范围见表6-2。

各种启闭方式门的特点及适用范围　　表6-2

类型	图示及说明
平开门	制作简便、开关灵活、五金件简单；洞口尺寸不宜过大。有单扇和双扇门，此种门使用普遍，凡居住和公共建筑的内、外门均可采用；作为安全疏散用的门一般应朝外开。 

续表

<table>
<tr><th>类型</th><th>图示及说明</th></tr>
<tr><td>弹簧门</td><td>开关方式同平开门，唯因装有弹簧铰链能自动关闭，适用于有自关要求的场所、出入频繁的地方，如百货商店、医院、影剧院等；门扇尺寸及重量必须与弹簧型号相适应，加工制作简便。
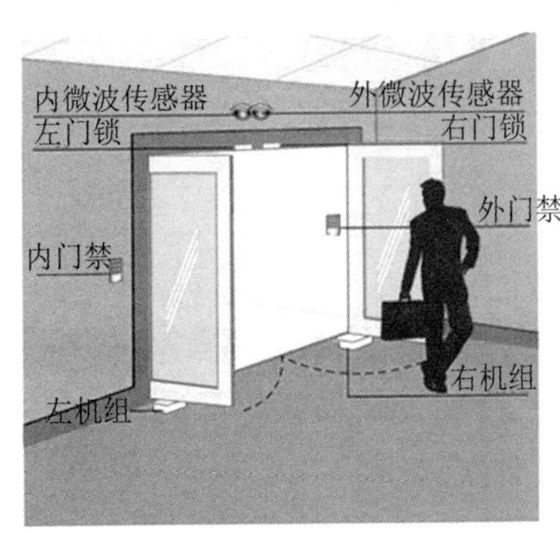

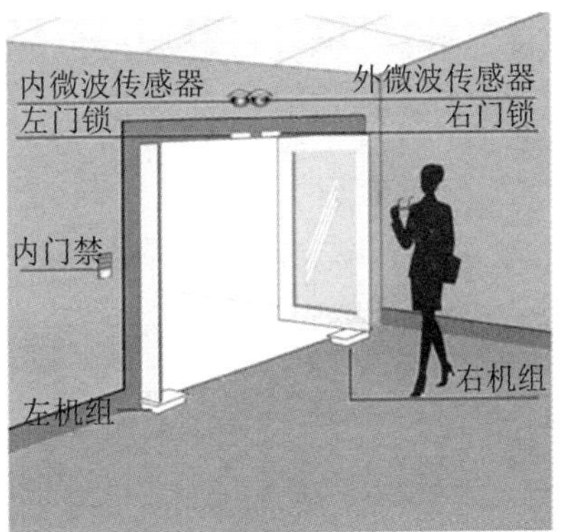
</td></tr>
<tr><td>推拉门</td><td>开关时所占空间少，门可隐藏于夹墙内或悬于墙外；门扇制作简便，但五金件较复杂，安装要求较高，适应各种大小洞口。
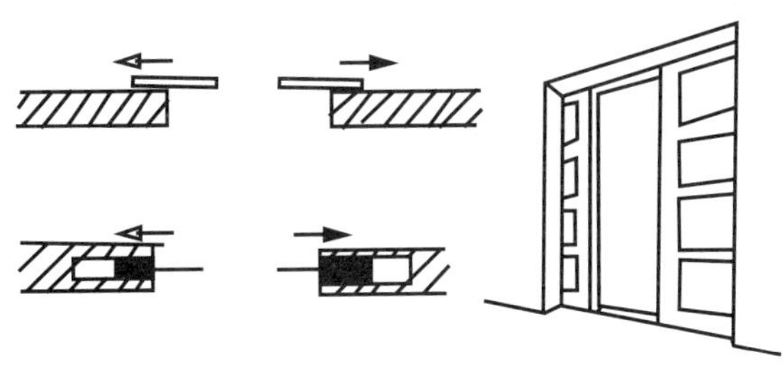</td></tr>
<tr><td>转门</td><td>用于人流不集中出入的公共建筑，加工制作复杂，造价高。
</td></tr>
</table>

续表

类型	图示及说明
折叠门	适用于各种大小洞口，特别是宽度很大的洞口，五金件较复杂，安装要求高。 
卷帘门	适用于各种大小洞口，特别是高度大、不经常开关的洞口。加工制作复杂，造价高。 

（2）木窗的类型与组成

1）木窗的形式及分类：按使用要求的不同，木窗可分为玻璃窗、百叶窗、纱窗等几种类型；按开关方式又可分为平开窗、中悬窗、立转窗及其他窗，见表6-3。

木窗的类型及特点 表6-3

类型	图示	特　点
平开窗	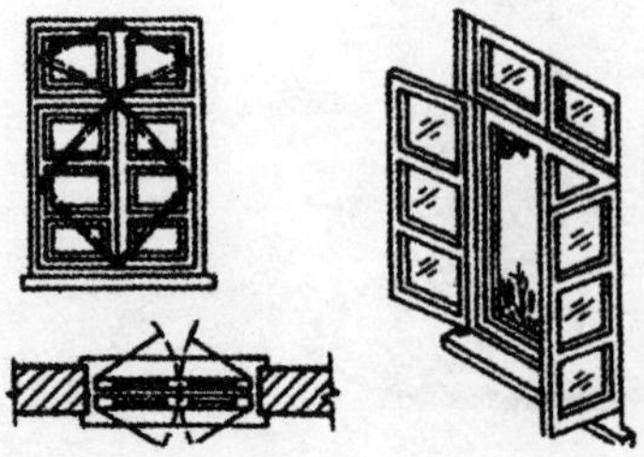	窗扇在一侧边装上铰链（或称合页），沿水平方向开关的窗，有单扇、双扇、多扇及向内开、向外开之分。 其构造简单，开关灵活，制作、安装、维修均较方便，为一般建筑中使用最为普遍的一种类型。

续表

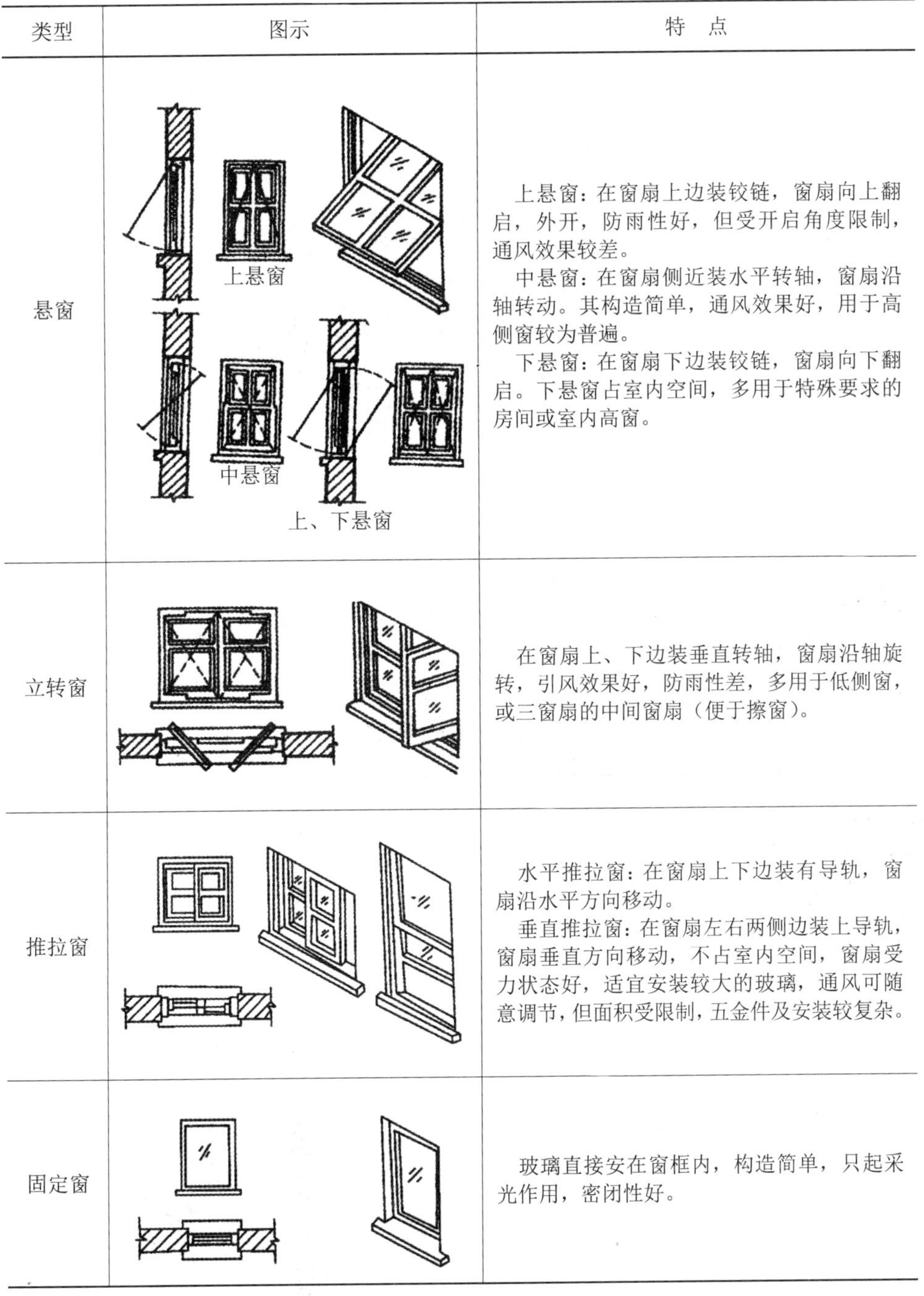

类型	图示	特 点
悬窗	上悬窗 中悬窗 上、下悬窗	上悬窗：在窗扇上边装铰链，窗扇向上翻启，外开，防雨性好，但受开启角度限制，通风效果较差。 中悬窗：在窗扇侧近装水平转轴，窗扇沿轴转动。其构造简单，通风效果好，用于高侧窗较为普遍。 下悬窗：在窗扇下边装铰链，窗扇向下翻启。下悬窗占室内空间，多用于特殊要求的房间或室内高窗。
立转窗		在窗扇上、下边装垂直转轴，窗扇沿轴旋转，引风效果好，防雨性差，多用于低侧窗，或三窗扇的中间窗扇（便于擦窗）。
推拉窗		水平推拉窗：在窗扇上下边装有导轨，窗扇沿水平方向移动。 垂直推拉窗：在窗扇左右两侧边装上导轨，窗扇垂直方向移动，不占室内空间，窗扇受力状态好，适宜安装较大的玻璃，通风可随意调节，但面积受限制，五金件及安装较复杂。
固定窗		玻璃直接安在窗框内，构造简单，只起采光作用，密闭性好。

2）木窗的组成：木窗主要由窗框、窗扇和五金零件所组成。根据不同的要求，尚有贴脸（压缝隙用的木条）、窗台板、窗帘盒等附件，如图 6-1 所示。

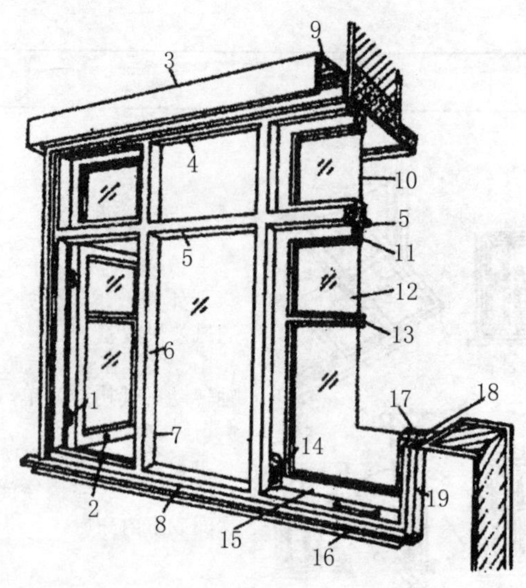

图 6-1 窗的组成

1—铰链；2—风钩；3—窗帘盒；4—上框；5—中横框；6—中竖框；7—固定框；8—下框；9—窗帘轨；10—亮子；11—上冒头；12—玻璃；13—窗芯；14—插销；15—下冒头；16—窗台板；17—窗扇边梃；18—边框；19—贴脸

2. 木门窗的构造

(1) 木门窗框的节点构造

木门窗框的构造见表 6-4。

木门窗框的构造　　表 6-4

结构部位	图示及说明
框子冒头与框子梃割角榫头	采用单榫，榫肩部位割 45° 斜角。拼合严密后，外表美观，适用于高级的门窗框。（图示：框子冒头；框子梃）

续表

结构部位	图示及说明
框子冒头与框子梃双夹榫结合	在冒头上打双眼，梃子上开双夹榫，两榫厚度相等，榫长差一裁口深度。两侧榫肩高差一裁口深度。 这种结合紧密、牢固，应用较广泛。 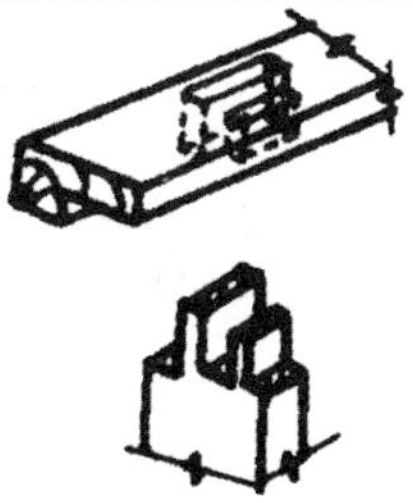
框子冒头与框子梃双夹榫开口结合	一般在冒头两端做榫槽，梃子上端开榫头，拼装时在冒头榫头处稍斜钉入两根圆钉，使冒头和梃子结合更密实。 这种无走头的框子一般用于后塞口门窗。 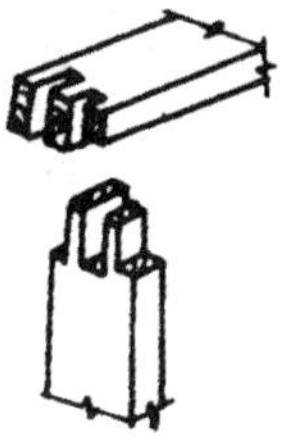
框子梃与中贯档结合	框子边梃与中贯档一般采用双夹榫结合，在边梃上打眼，在中贯档两端开榫，榫厚相同，榫高差两个裁口厚度，两侧榫肩高差一个裁口深度。 中贯档 

（2）木门扇的节点构造

木门扇的构造见表 6-5。

木门扇的构造 表 6-5

结构部位	图示及说明
下冒头与门框结合	门扇下冒头与门梃结合一般采用双榫，下冒头上做双榫，榫根要叠台。门梃上开双眼，并留出榫根凹槽，加胶楔背结实。 门梃 下冒头 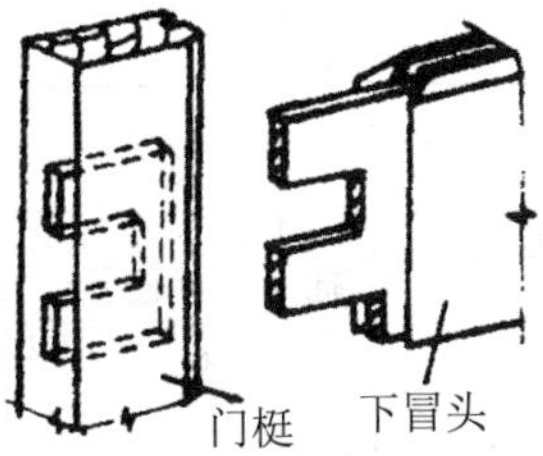

续表

结构部位	图示及说明
上冒头与门梃结合	一般采用单榫结合。在上冒头两端做单榫，榫根要叠台，嵌入梃上的槽口中，榫肩做成带斜度的插肩。 上冒头 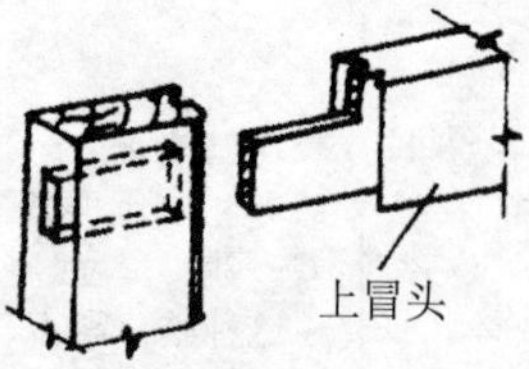
中冒头与门梃结合	在中冒头上下两侧起槽，以备装门芯板或裁口装玻璃，两端做单榫，两侧做插肩，榫根做叠台。 中冒头 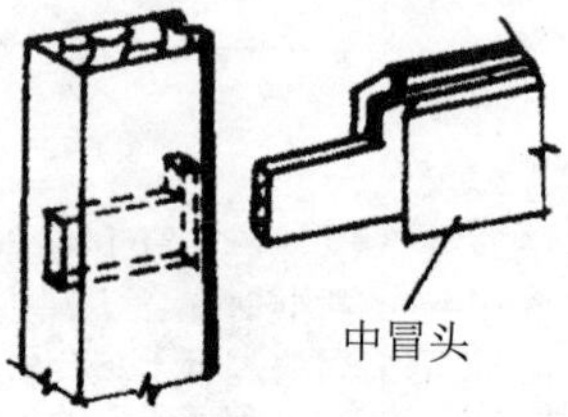
棂子与门梃结合	用于镶半截玻璃的门扇。棂子一侧倒棱，一侧裁口装玻璃，棂子两头做单榫，一侧做插肩。这种榫一般做半榫，在梃上开不透的半眼，眼深比榫长多 2 ～ 3mm。 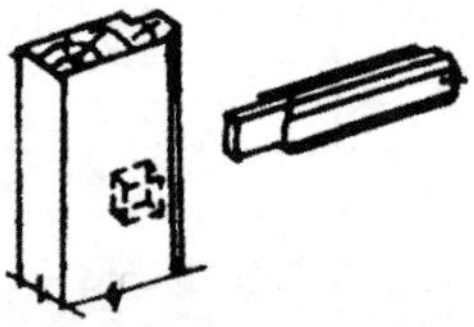
棂子与棂子的十字结合	用于镶 4 块玻璃的门扇，一般在横棂子上的上、下两面各凿半眼，竖棂子结合端开半榫，榫肩做插肩，使结合严密、美观。 

(3) 木窗扇的节点构造

木窗扇的构造见表 6-6。

木窗扇的构造　　表 6-6

结构部位	图示及说明
上冒头与窗梃结合	上冒头两端开单榫，榫的一侧为平肩，一侧为插肩，榫根叠台，梃上凿透眼，眼上端要留一定的余头，以便加楔背紧。 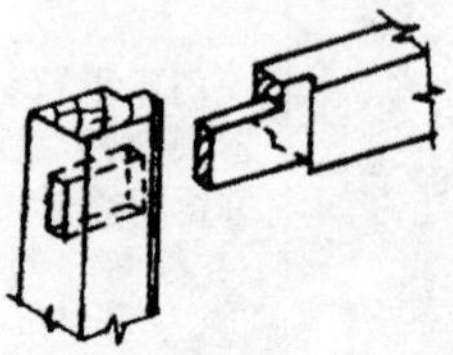

续表

结构部位	图示及说明
下冒头与窗梃结合	做法同上，但榫根叠台应在下方。 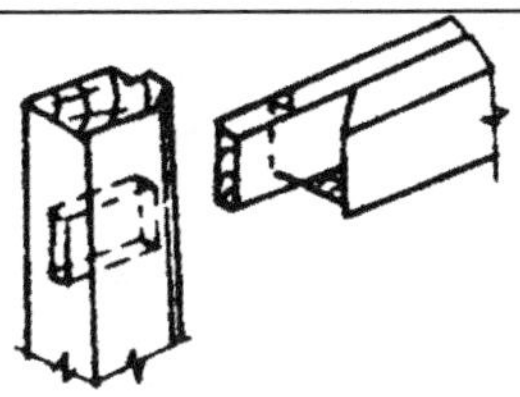
棂子与窗梃结合	窗棂子两端做单榫，棂子上、下两面一侧倒棱，一侧裁口，榫肩一侧为平肩，一侧为插肩。 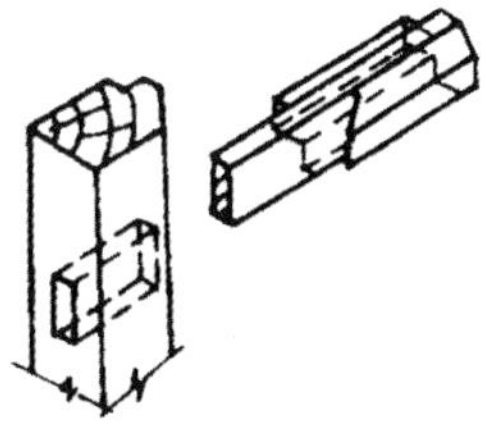
窗棂子十字交叉结合	做法同门扇棂子与棂子十字交叉结合。 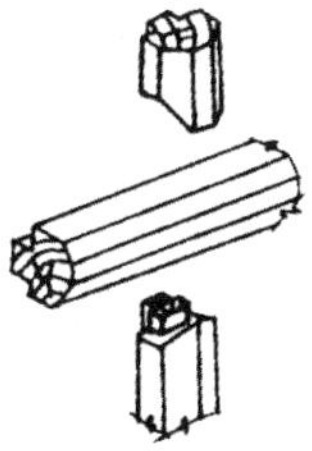

第二节 木门制作的准备工序

木门制作的准备工序，见表 6-7。

木门窗制作的准备工序 表 6-7

项目	图示及说明
木器施工建议书	根据施工环境和施工图纸编制而成，里面要列明施工方法、验收标准和验收程序。工程师批核后，才可以开工。 在做木门和门框之前，需要拿到设计所最新批准的施工图纸、施工章程和门表来复查门的大小尺寸和数量。

续表

<table>
<tr><th>项目</th><th>图示及说明</th></tr>
<tr><td>木器施工建议书</td><td>另外承建商还要根据标书，预先将材料用的样本拿给工程师审批，包括门框、门扇、扁铁、框架角铁、膨胀螺栓、小五金以及防蚁油等。

注意：每种外露的木材要呈交三个样本，用来作为以后的验收标准；门扇要留空以免夹板，方便工程师检查门芯结构。

检查材料以后，要对材料进行处理。</td></tr>
<tr><td>材料处理</td><td>必须进行防虫和烘干处理。
</td></tr>
</table>

续表

<table>
<tr><th>项目</th><th>图示及说明</th></tr>
<tr><td>材料存放与测试</td><td>材料一运到工地，就要用测试表检查木材的含水率是否符合施工规程的标准。如果因为环境的因素未能符合标准，就需要立刻找工程师商量、解决。
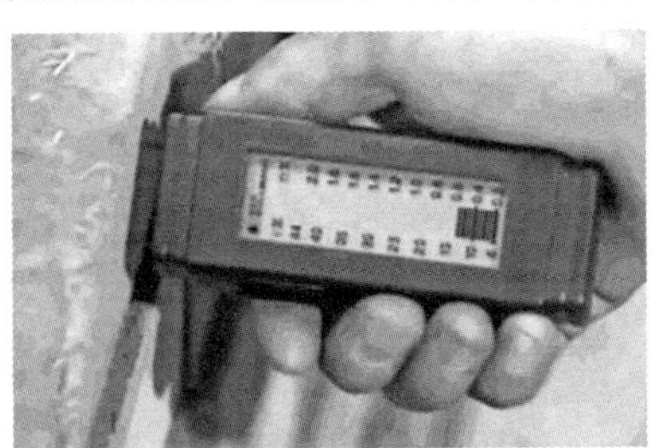
木材要符合设计要求，材料不能有天然的弊病。比如虫眼、疤节、裂纹、断纹等。

木材的刨光程度要够光滑，不可以有刨痕和毛刺。
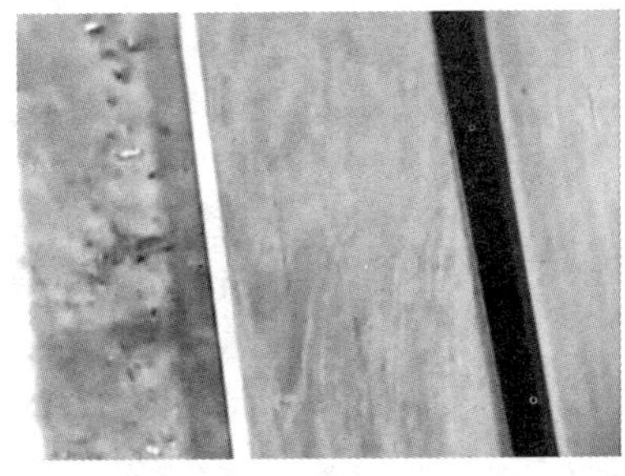
另外清水油漆的木材，木色和树种要一致，木纹也要近似；而浑水油漆的木材，也要一致，不过木纹和木色可以不近似，但最终还是需要工程师来定夺。
运到工地的门和门框，都需要抽样检查尺寸和规格；还要抽样打开门扇的夹板检查门芯和门的结构。</td></tr>
</table>

续表

<table>
<tr><th>项目</th><th>图示及说明</th></tr>
<tr><td>材料存放与测试</td><td> 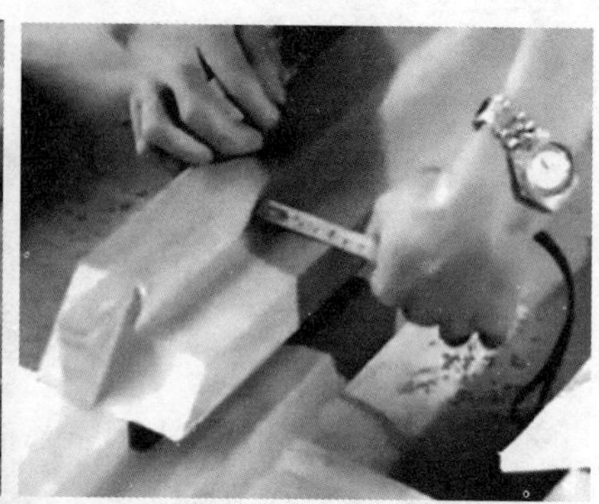 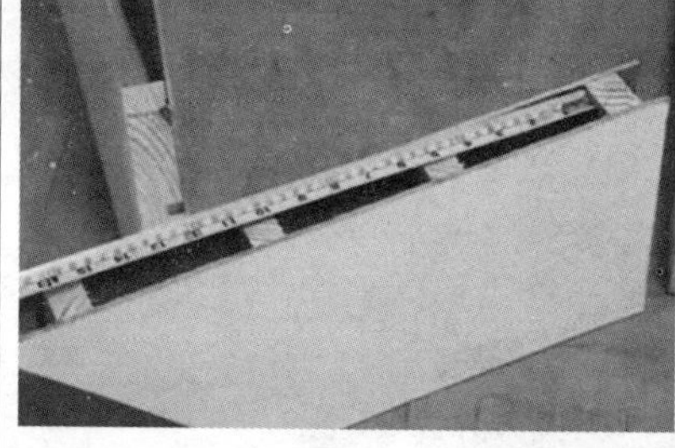 
材料要放在工地干燥以及空气流通的地方并且要有适当的保护，才不会受天气的影响。
</td></tr>
</table>

第三节 木门框的制作和安装

木门框的制作和安装详见表 6-8。

木门框的制作和安装　　表 6-8

项目	图示及说明
木门框制作	首先，木器管工首先要详细看看门样图，了解门的构造还有部分的横切面、长度等等。另外还需要做一个放样图，然后根据放样图挑选合适的木材。 木材的品种是需要经过工程师批核后才可以用，而通常使用山樟和柚木两种。选好材料后，需要再复查一下材料的质量和规格，然后就可以刨了。   刨木料时，一定要顺着木纹的方向。 槽口要刨得平直，深浅宽窄要一致，不可以起毛，也不可以凹凸不平，内角要呈直角，还要把木屑擦干净。  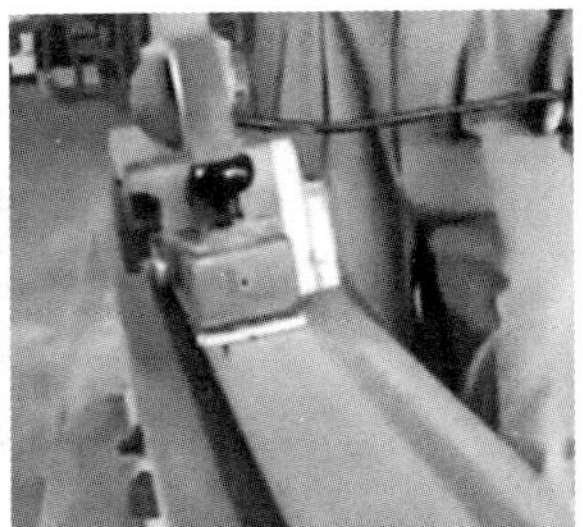 注：不只是槽口如此，榫和夹角也必须要平直，要完整无损而且不能有木屑。另外榫和夹角的尺寸一定要配合得很准确。

续表

项目	图示及说明
木门框制作	  如果框太宽，就需要让工程师决定是否用双榫。  刨好后就可以根据放样图来截取所需的长度，再按类型和规格放好，方便取用。 在装门框之前，要先刷好框内的防蚁油，通常都是用黑色的、透明的和加颜色的防蚁油。   如果将来这个框架要刷磁漆的话，那就要在拼框之前，刷上一层银粉漆做保护。 装框前准备：除了刷油漆还要把楼房清理好，还要保证安装位置的墙身和门窗的弹水墨线已经弹好，门框的代号也要清楚注明，而且要画好框的槽口位置。

续表

<table>
<tr><th>项目</th><th>图示及说明</th></tr>
<tr><td>一般门框的安装</td><td>拼框：把门框各个部分的正面平放安装好，立框和横头接口位要涂上木胶，并用螺丝固定。
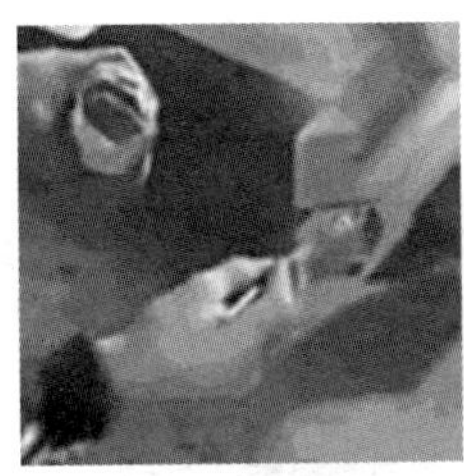 
如果做的时候发现立框和横头的接口不平，一定要刨平；另外门框的宽度和曲尺，需要固定好，所以门框下面一定要加钉横撑，做到时候一定要紧贴地面。

当复核好对角线以后，就可以在立框和横头交接处钉上临时八字斜撑。
接着在门上画出门框高度的水平墨线用来做框的水墨线。

同时要再检查一次门的宽度和直角有没有问题。
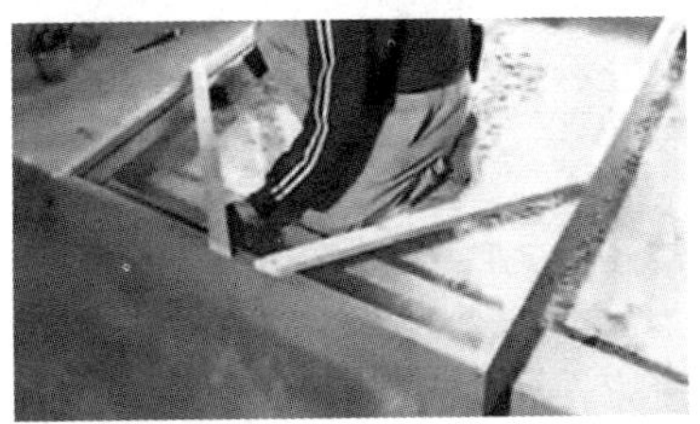</td></tr>
</table>

续表

<table>
<tr><th>项目</th><th>图示及说明</th></tr>
<tr><td>一般门框的安装</td><td>安装的时候，就要按照水平墨线和地台墨线用临时斜撑，又或者木顶先把门框稳定住。

将门框弄好后，就可以装到墙上了，不同的墙安装是不同的：
1）如果是砖墙，就要安装上燕尾镀锌扁铁。根据施工章程，通常 2.1m 高的门框就要在每边分上、中、下各装上扁铁，扁铁的位置最好和砖缝配合上。
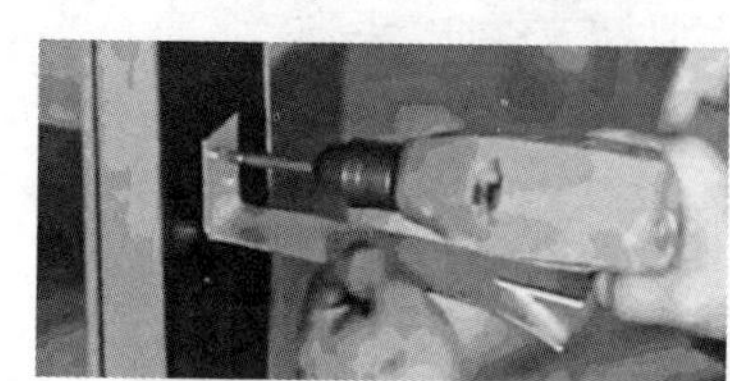 
置于门框脚就要用角铁在水泥地台上钉稳门框脚。
 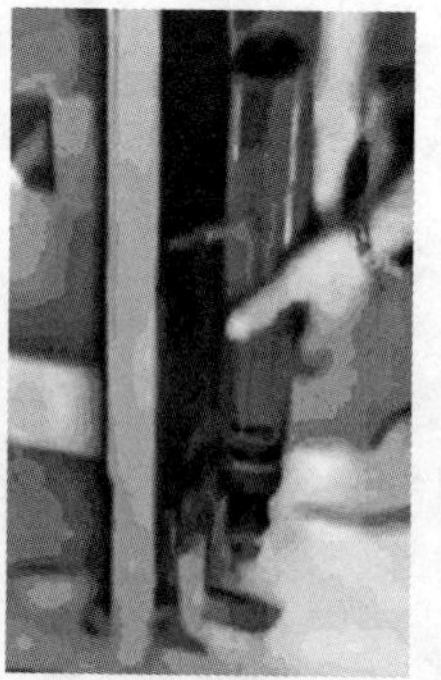
2）如果是安在水泥柱或墙的话，为防止移位，就要用木尖把门框上下固定好。</td></tr>
</table>

续表

<table>
<tr><th>项目</th><th>图示及说明</th></tr>
<tr><td>一般门框的安装</td><td>
然后按照规格，根据框上预先留下的螺栓孔，在每边水泥墙的上、中、下位置钻孔，用来装符合标准的膨胀螺栓。
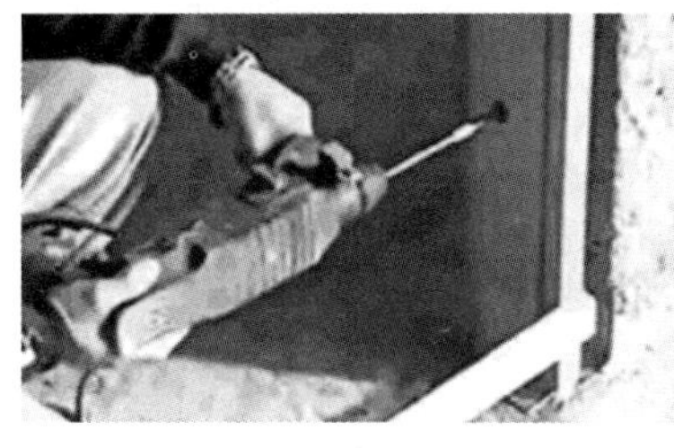 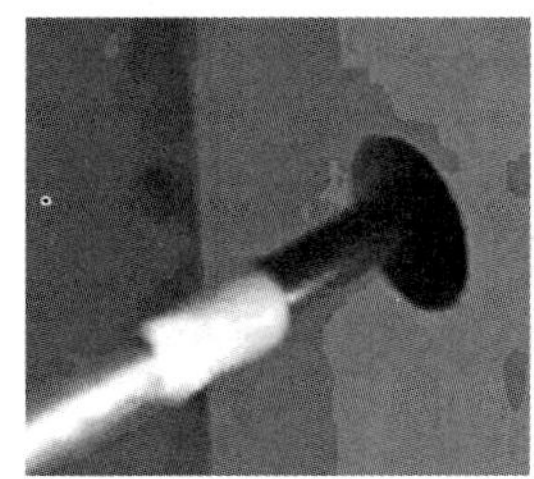
在装膨胀螺栓时，一定要记得加上垫片，而螺栓要依照生产说明正确地安装。
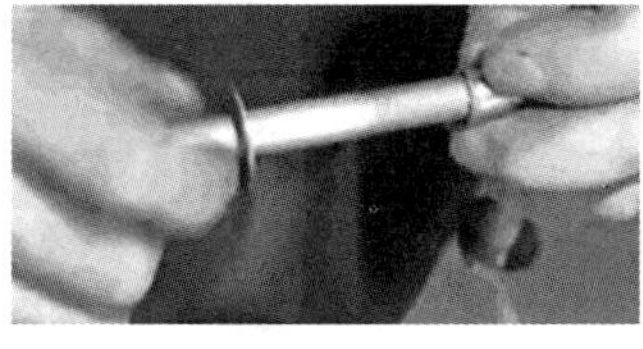
 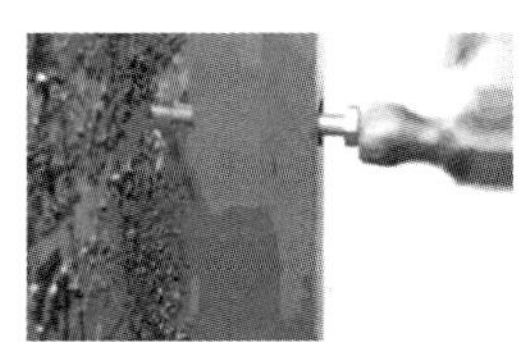
螺栓头的入框深度既不可太深，也不可太浅。
</td></tr>
</table>

续表

<table>
<tr><th>项目</th><th>图示及说明</th></tr>
<tr><td>一般门框的安装</td><td>然后用木尖塞在螺栓孔的附近，保持门框的位置。确保上螺栓的时候门框不会移位。

注意：这些木尖要等水泥硬化以后才可以拆走。

最后还要用做木框的材料来做一些木塞子，在上面刷上木胶，用它来封上螺栓孔。
  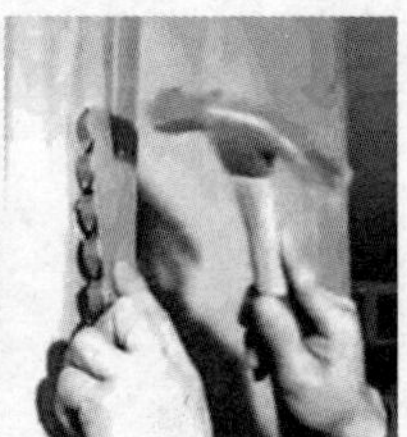
等胶干以后再刨平，就完成了。</td></tr>
</table>

续表

项目	图示及说明
木门框的保护	一般可以从地面到大约 1.5m 的阳角位用三合板来做保护。还有其他的办法，不过要根据门框的材料和实际环境确定。 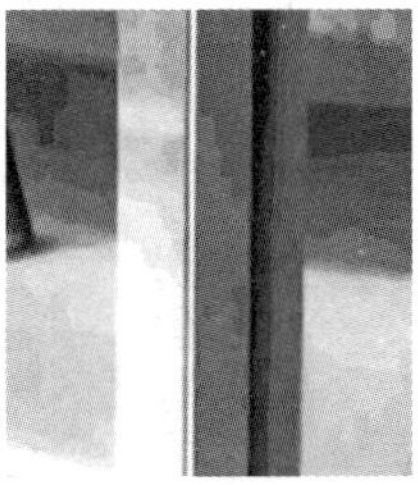

第四节 木门的制作和安装

木门的制作和安装，详见表 6-9。

木门的制作和安装　　表 6-9

项目	图示及说明
空心木门	1）首先木器管工同样要根据门样图把各部分做一个放样图，然后挑选适合并且被工程师批核过的木材进行施工。 一般门的立框、横框以及芯材都是中密度的硬木料。  在立帮和横帮上面开一些适当深度的透气孔，能够减少门扇变形的机会。 

续表

项目	图示及说明
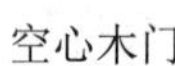 空心木门	另外，中间部位的加固木框的交叉位要根据施工图的距离把它合上。    至于夹板就要用工程师批核过的夹板，室内要用 2 号胶水板，而室外则要用 1 号胶水夹板。饰面板的材料要由工程师决定。 2）组合门芯 先用角铁把立帮和横帮组合好；  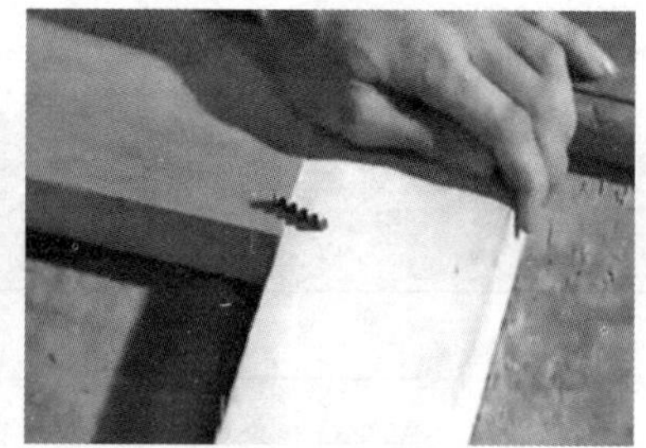 然后再把加固木框互相紧扣，凹位一定要扣紧，而表面一定要平整。 

续表

项目	图示及说明
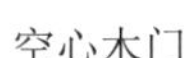 空心木门	还要注意，在装门锁的位置上，加一块锁扣木。 底面要用胶水沾上 5mm 夹板，再用机械把它压紧。   如果是胶板门，那就要先将胶板粘在 5mm 夹板上，粘好以后就要按照图纸上的尺寸把四边切好，检查一下尺寸，然后刨平。  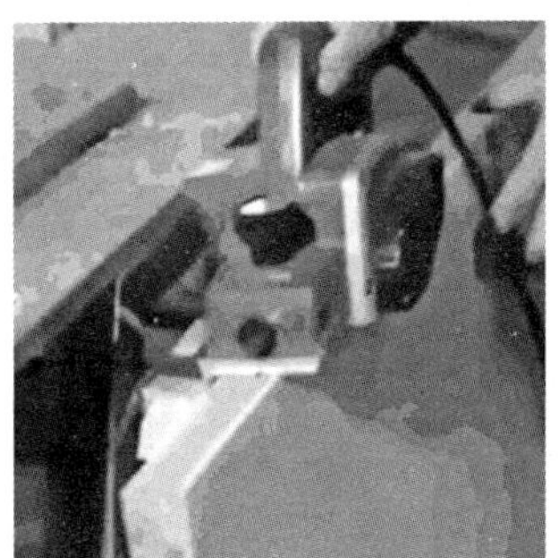 再用胶水及家具钉钉上实木封边，钉的时候四个门角一定要连接紧密，封边和夹板要平直一致。 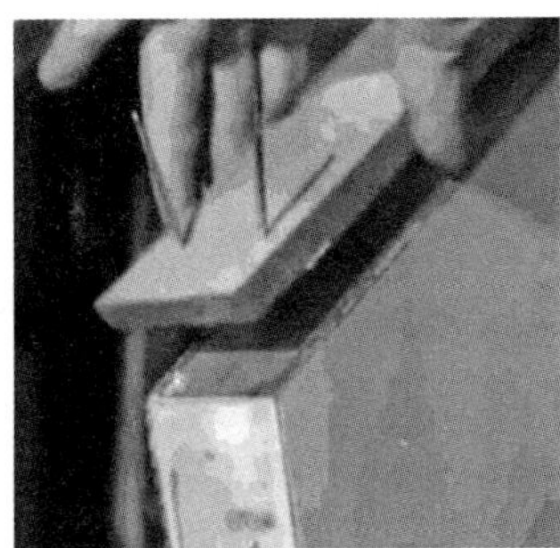

续表

<table>
<tr><th>项目</th><th>图示及说明</th></tr>
<tr><td>空心木门</td><td>两扇门的碰口位置，要加上适当的封边线。通常两扇门是分有槽口门和碰口门两种的。

如果要在门上开玻璃窗，开洞的四边要加上适当的玻璃木线，而夹角要非常紧密。

拼好的门要包好，然后送到工地去。

3）木门的安装
要复核门框的尺寸、位置及是否垂直。
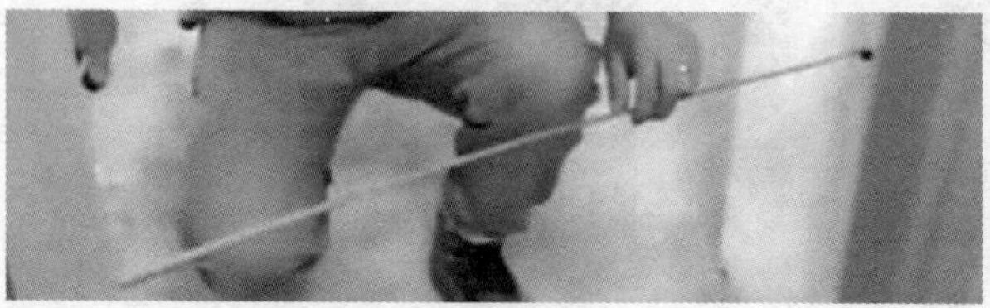 </td></tr>
</table>

续表

<table>
<tr><th>项目</th><th>图示及说明</th></tr>
<tr><td>空心木门</td><td>而门扇和门框要预留适当的空位，否则在装门时容易装不上去。
4）门的合页
按图纸确定安装合页的个数。在装前除了在门框和门扇上画好合页的位置，还要根据门的厚度来挖合页槽。
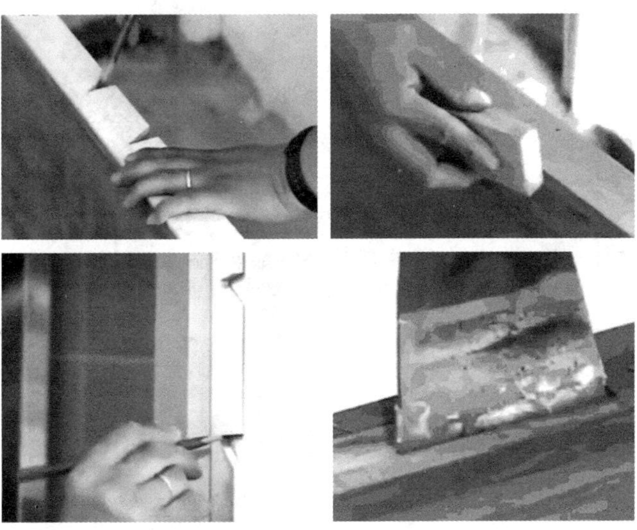
如果木料比较硬，可以先钻孔，再用符合规格的螺丝装合页。
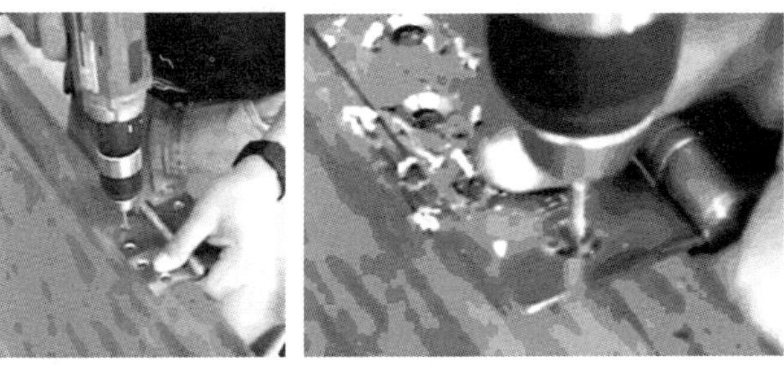
装好后，就可以试装门扇了。
</td></tr>
</table>

续表

<table>
<tr><th>项目</th><th>图示及说明</th></tr>
<tr><td>空心木门</td><td>首先在上下合页各装两个螺丝。

接着再检查门扇三面的空隙，如果有问题立刻把螺丝拆下来，纠正合页的位置；再检查是否有问题，如无问题，就可以把其余所有的螺丝都上紧，这扇门就安好了。

全部装好后，需要检查一下，看门是否会自开自关。
5）小五金的安装
按照图纸及说明书安装门锁及闭门器。</td></tr>
<tr><td>实心木门</td><td>实心门的门芯结构除了有符合图纸标准的上下横档外，在门的中间都要加中横档，而在上下空位还要垂直摆放门芯木方，而且必须要压紧拼合。
 </td></tr>
</table>

续表

<table>
<tr><th>项目</th><th>图示及说明</th></tr>
<tr><td>实心木门</td><td>1）防火实心门及门框的做法
结构、门芯木材和门框的制造、槽口的深度、防火胶条的位置等，要符合防火门测试的标准。

装防火门前，要先检查门底和关门位置的地台标高，同时要确保门扇和地台的距离符合规定（4mm），开门的时候是否会刮到地。
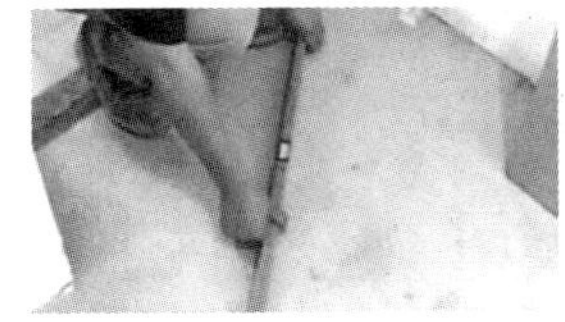 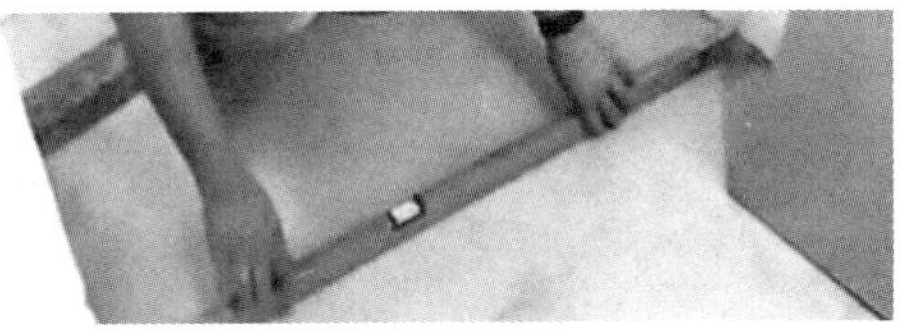
2）防火门的小五金品种要根据认可的实验室测试评估报告来安装。
如果要在防火门上开玻璃窗，玻璃窗位置的结构和尺寸、大小都要符合防火测试合格证书中的规定。

装好门框和门扇的同时，要根据图纸预留门边压条，千万不要由于不够位置而导致门边压条的宽窄有差别。
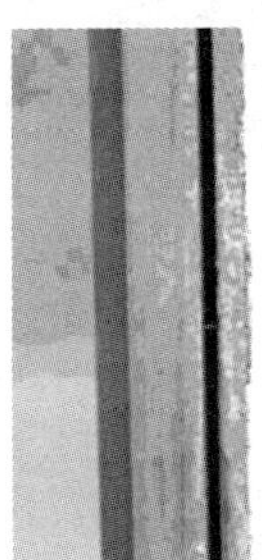</td></tr>
</table>

续表

<table>
<tr><th>项目</th><th>图示及说明</th></tr>
<tr><td>实心木门</td><td>在钉门边压条之前，一定要铲清框上的泥土和砂浆。而门边压条两边要紧贴泥浆及门框。

夹角的地方要有 45° 的角接口。

门边压条要依照图纸的规格刨光。
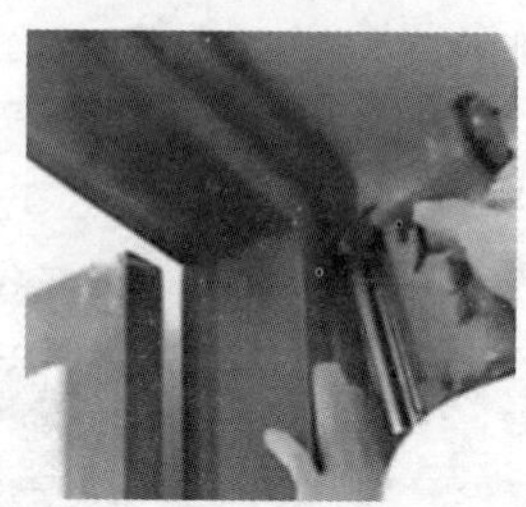
钉线条线，要用和原条一样的木料，不可以有接口。

3）套装门及框
完成泥水工程之后，才可以进行安装。
在砌砖前，要先在安装套装门的位置安装底框。在底框开料以后，要先刷上防蚁油，同时要钉稳固立框和横口的接口位。另外由于底框比较薄，所以在砖墙位装的底框要加临时角铁架来稳固。</td></tr>
</table>

续表

<table>
<tr><th>项目</th><th>图示及说明</th></tr>
<tr><td>实心木门</td><td>拉框和装框的程序与一般的木门框相同。
按施工图检查底框的尺寸，是否配合套装门的外围。

另外宽度是否和门框相同，同时每一边还要预留适当的空位，只有这样才可以把套装门框嵌上去。
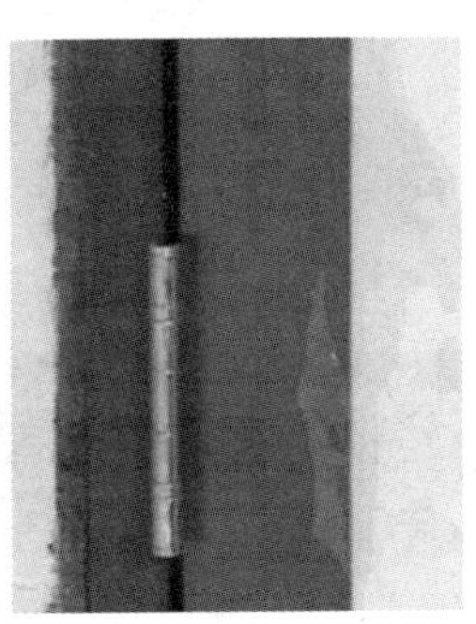
如果是防火套装门，就要用防火条和防火胶来封门框和底框间的空隙。
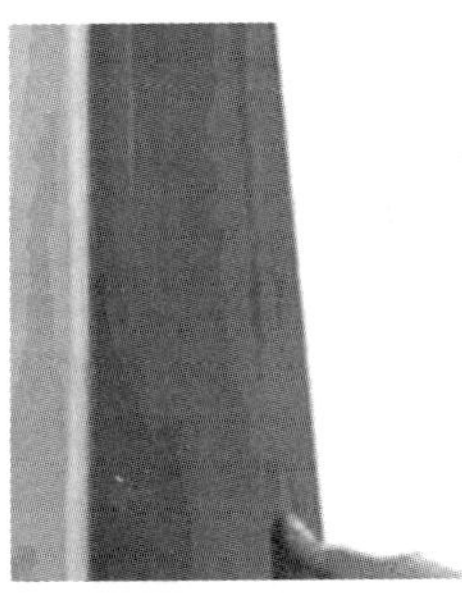</td></tr>
<tr><td>质量验收</td><td>完成后验收应该特别注意以下问题：
1）门扇要平整，不可以起波浪离合；
</td></tr>
</table>

续表

项目	图示及说明
质量验收	2）门框要垂直稳固地安装好；  3）门扇和门框的槽口要顺直；    4）门扇和地面之间必须按照规定留出合适的空隙；  5）门的木纹和色泽须符合工程师的要求； 6）所有夹角要紧密平整；  7）封边线不要有离口；  8）门的小五金须根据图纸的位置正确安装；  9）所有螺丝要扭紧收平； 

续表

项目	图示及说明
质量验收	10）门锁开关要长顺，拉手高低要符合工程师要求；  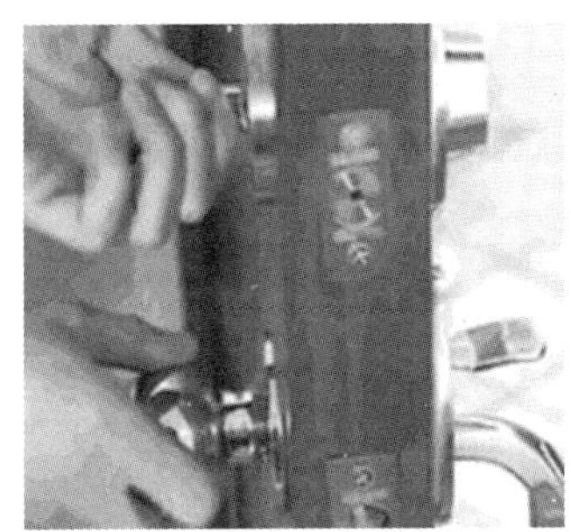 11）闭合器要安装稳固，关门速度先快后慢；  12）没有闭合器的门应不会自关自开。 

第五节 木窗的制作和安装

木窗的制作和安装，见表 6-10。

木窗的制作和安装 表 6-10

<table>
<tr><th>项目</th><th>图示及说明</th></tr>
<tr><td>木窗的制作</td><td>木窗是由窗框和窗扇组成，在窗扇上按设计要求安装玻璃。
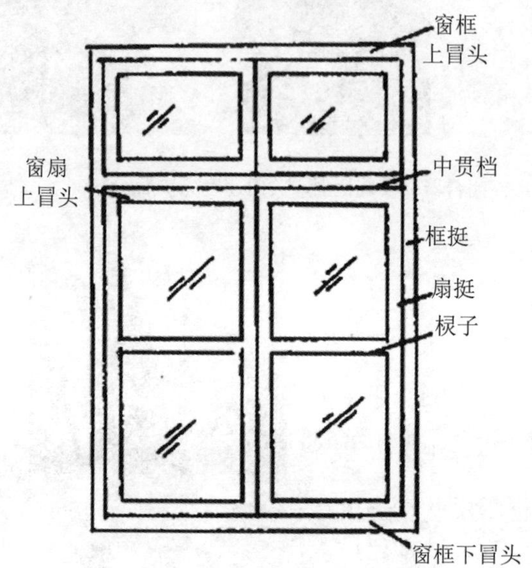

1）窗框。窗框由梃、上冒头、下冒头等组成，有上窗时，要设中贯横档。
2）窗扇。窗扇由上冒头、下冒头、窗梃和窗棂等组成。
3）玻璃。玻璃安装在冒头、门框梃和窗棂之间。
木窗的连接采用榫结合。按照规矩，是在梃上凿眼，冒头上开榫。如果采用先立窗框之后再砌墙的安装方法，应在上、下冒头两端留出走头（延长端头）。走头长120mm。
窗梃和窗棂之间的连接，也是在梃上凿眼，窗棂上做榫。

制作百叶窗时，如果采用传统的做法打百叶眼子，则花费工时很多，且质量不易保证，此时可用两个圆孔来代替，百叶板的端头做两个与孔对应的榫，再装上去。这样做既不影响结构，又提高了工效，而且还保证了质量，降低了对用材的要求。具体做法如下：
1）百叶梃子的画线
先画出百叶眼宽度方向的中线，这是一条与梃子纵向成 45° 的线，百叶眼的中线画好以后，再画一条与梃子边平行且距离为 12 ～ 15mm 的长线，这根线与每根眼子中心线的交点就是孔心。这根线的定法是以孔的半径加上孔周到梃子边应有的宽度。一般 1 个百叶眼只钻两个孔即可。</td></tr>
</table>

续表

<table>
<tr><th>项目</th><th>图示及说明</th></tr>
<tr><td>木窗的制作</td><td>2）钻孔
把画好墨线的百叶梃子用冲子在每个孔心位置冲个小弹坑。冲了弹坑之后，钻孔一般就不会偏心了。当百叶厚度为10mm时，采用10或12的钻头，孔深一般在15～20mm之间，每个工时可钻几千个百叶眼。
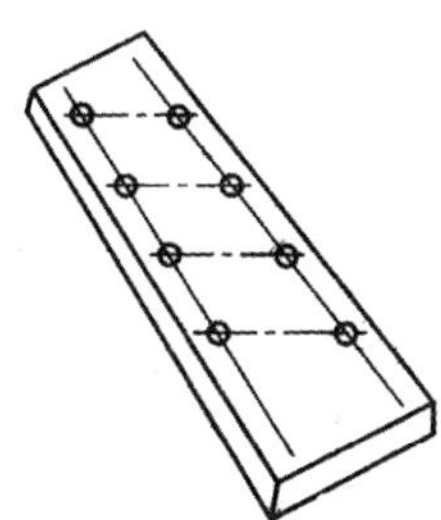
3）百叶板制作
在百叶两端分别做出与孔对应的两个榫，以便装牢百叶板。
制作时，应先画出一块百叶板的样子，定出板的宽窄、长短和榫的大小位置（一般榫宽与板厚一致，榫头是个正方形）。把刨压好的百叶板按照要求的长短、宽窄截好以后，用钉子把数块百叶板拼齐整后钉好，按样板锯榫、拉肩、凿夹，就组成了可供安装的百叶板。
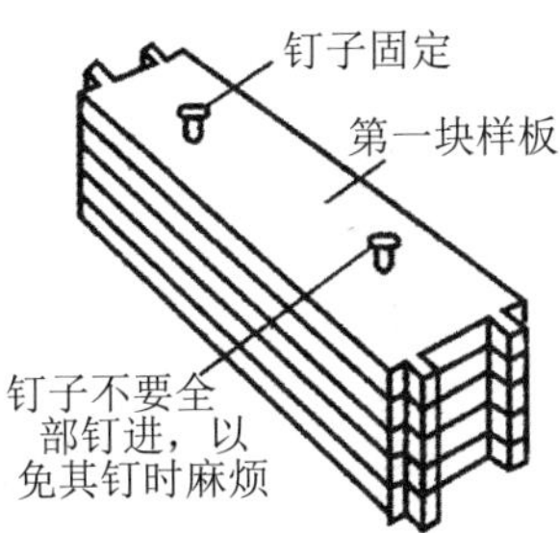

但是要注意榫长应略小于孔深，中间凿去部分应略比肩低，如下图所示，这样才能避免不严实的情况发生。
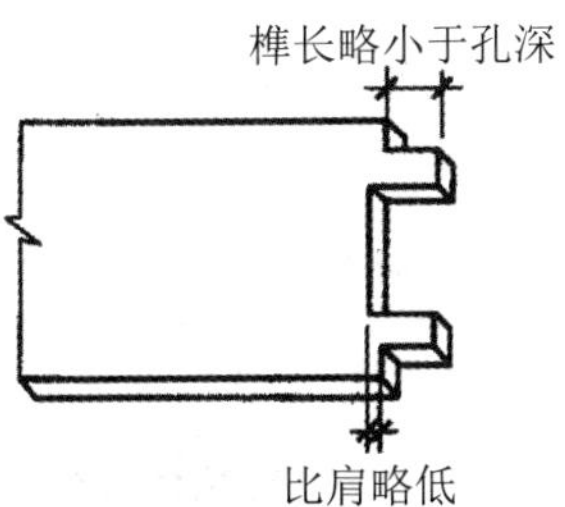

另外，榫是方的，孔是圆的，一般不要把榫棱打去，可以直接把方榫打到孔里去，这样嵌进去的百叶板就不会松动了。
这种方法制作简便、省工，成品美观。制作时，采用手电钻、手摇钻或台钻甚至手扳麻花钻都可以。</td></tr>
</table>

续表

项目	图示及说明
木窗的安装	（1）施工准备 1）木窗已供应到现场并经检查核对，其他材料、施工机具均已准备就绪。 2）窗框和扇安装前应检查有无串角、翘扭、弯曲和劈裂，如有以上情况应修理或更换。 3）窗框、扇进场以后，框的靠墙、靠地的一面应刷防腐涂料，其他各面应刷清油一道。刷油后分类码放平整，底层应垫平、垫高，每层框间的衬木板条宜通风，且防止日晒雨淋。 4）窗扇安装应在室内抹灰施工之前进行。 （2）窗框立口安装 立窗口的方法主要分为先立口和后立口两种。先立口就是当墙体砌到窗台下平时开始立口。 先立口大致分为两步：第一步，要按照图样规定的尺寸在墙上放线，确定窗口的位置，放完线后要认真对照图样进行复核；第二步是窗口的就位和校正。 立窗口时，可用水平尺，也可用线坠的。短水平尺有时容易产生误差。使用线坠则比较准确，使用时宜把线坠挂在靠尺上。这里所说的靠尺，就是由两个十字形连在一起的尺子，这种尺使用起来既方便又准确。不论使用哪一种方法立口，均应校正两个方向：先校正口的正面，后校正口的侧面。不得先校侧面，后校正面。因为口校正后需要固定，先校正正面，口下端就可以先找平固定；如果遇到不平时，可在口的下端用楔调整。这样，在校正侧面时，下端就不会再动了。反过来，如果先校正侧面，上端就必须先固定；而在校正正面时，上端也要随之窜动。这时，侧面还得重新校正一次。 立完口以后，常用的固定窗口的简单方法是在口上压上几块砖。在口的侧面校正后，固定口上端的一种简单方法就是在口的上端与地面斜支撑钉连。一般宽度在 1m 以内的口，可以设一道支撑。宽度超过 1m 的口，要设两道支撑。 在有些设计图上，单面清水外墙的窗框立在中线上，在施工时不应该立在正中。这是因为木砖加灰缝的尺寸是 140 ～ 150mm，而窗框料厚度仅为 70 ～ 90mm，小于木砖。如果立在正中，框外清水墙的条砖与木砖之间，就会露出一个大立缝或露出木砖。 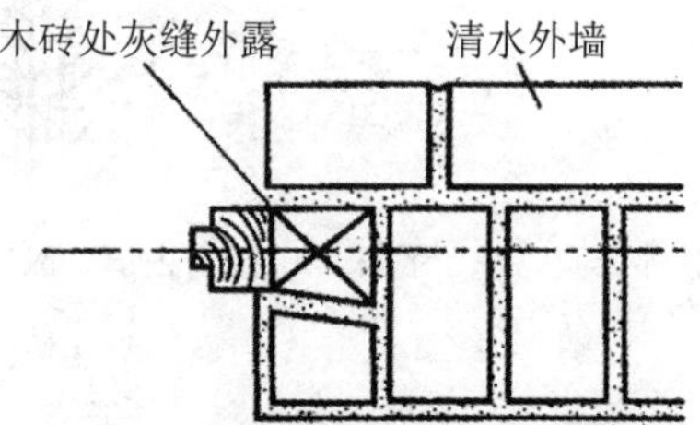 如果向外偏一些，盖住立缝，木砖就会露在框的里侧，室内抹灰时就可以盖住木砖，墙内外侧就比较美观。 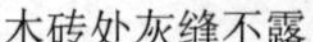 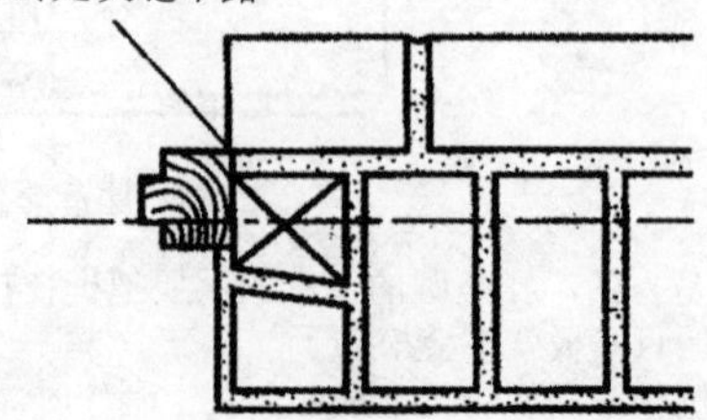

续表

<table>
<tr><th>项目</th><th>图示及说明</th></tr>
<tr><td>木窗的安装</td><td>这样做，室内窗台会宽一些，更加实用。
后立口安装又称塞口安装，是在砌墙时先留出窗洞，之后再安装窗框。为了加强窗樘与墙的链接，砌墙时需在窗洞口两侧每隔 500 ～ 600mm 高预埋木砖（每侧不少于两块），用长钉或螺钉将窗框固定在木砖上。后立口安装窗框施工比较方便，但窗框与墙体之间需要留较大的安装空隙，对密封不利。
（3）窗扇安装
1）根据设计图样要求确定开启方向，以开启方向的右手作为盖扇（人站在室内）。
2）一般窗扇分为单扇和双扇两种。单扇应将窗扇靠在窗框上，在窗扇上画出相应的尺寸线，修刨后先塞入框内校对，如不合适再画线进行第二次修刨，直到合适为止。双扇窗应根据窗的宽窄确定对口缝的深浅，然后修正四周，塞入框内校正时，不合适的再进行二次修刨，直到合适为止。
3）首先要把随身用的工具准备好，钉好楞，木楞要求稳、轻，搬动方便，楞上钉上两根托扇用的木方，以便操作。
4）安窗扇前应先把窗扇长出的边头锯掉，然后一边在窗口上比试，一边修刨窗扇。刨好后将扇靠在口的一角，上缝和立缝要求均匀一致。
5）用小木楔将窗扇按要求的缝宽塞在窗口上，缝宽一般为上缝 2mm，下缝 2.5mm，立缝 2mm 左右。
（4）木门窗五金安装
1）合页安装
①合页距上下窗边应为窗扇高度的 1/10，如 1.2m 长的扇，可制作 12cm 长的样板，在口及扇上同时画出一条位置线，这样做比用尺子量快且准。
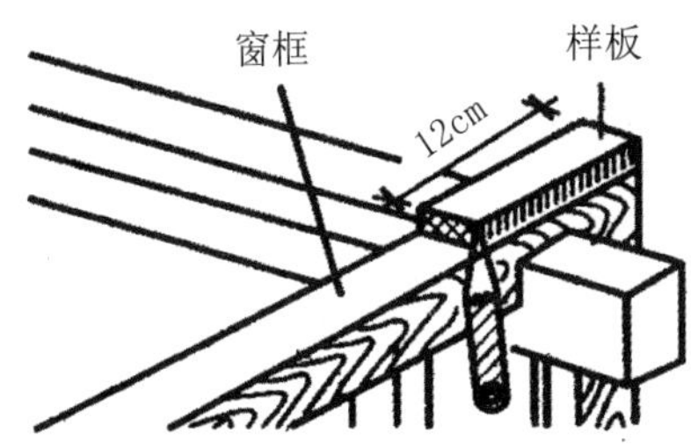

②把合页打开，翻成 90°，合页的上边对准位置线（如果装下边的合页，则将合页下边对准位置线）。左手按住合页，右手拿小锤，前后打两下（力量不要太大，以防合页变形）。
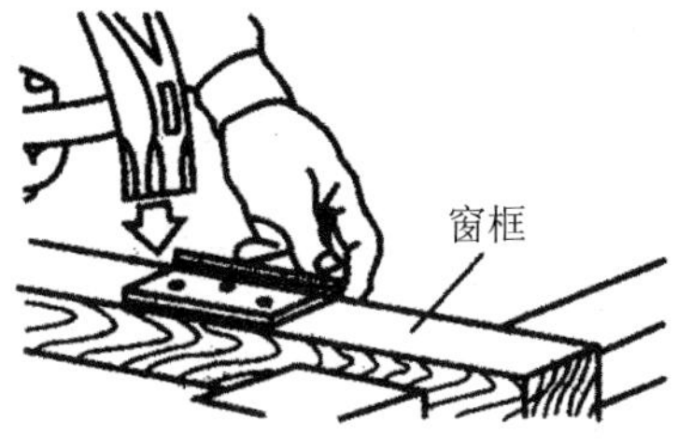

拿开合页以后，窗边上就会清晰地印出合页轮廓的痕迹，即为要凿的合页窝的位置。这个办法比用铅笔画要快且准。</td></tr>
</table>

续表

<table>
<tr><th>项目</th><th>图示及说明</th></tr>
<tr><td>木窗的安装</td><td>③用扁铲凿合页窝时，关键是掌握好位置和深度。一般较大的合页要深一些，较小的合页则浅一些，但最浅也要大于合页的厚度。
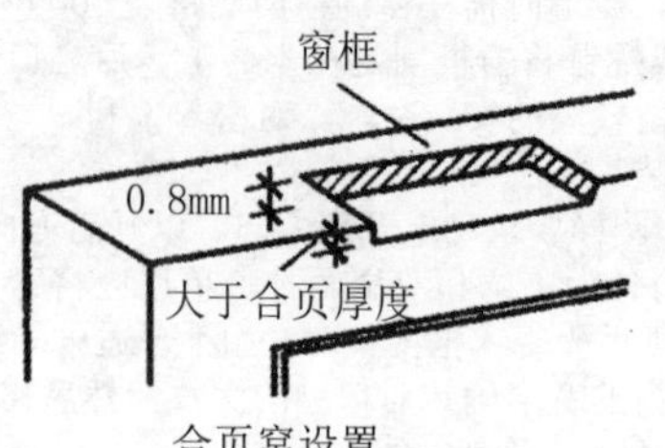

合页窝设置
为了保证开关灵活和缝子均匀，窗口上合页窝的里边比外边（靠合页轴一侧）应适当深一些（约0.8mm）。
④窗扇装好以后，要进行试开，不能产生自开和自关现象，以开到哪里可停到哪里为宜。
2）风钩的安装
风钩应装在窗框下冒头上，羊眼圈装在窗扇下冒头上。窗扇装上风钩以后，开启角度宜为90° ～130° ，扇开启后距墙不小于10mm。左右扇风钩应对称，上下各层窗开启后应整齐一致。
装风钩时，应先将扇开启，把风钩试一下，将风钩鼻上在窗框下冒头上，再将羊眼圈套在风钩上，确定位置后，把羊眼圈上到扇下冒上。
（5）窗玻璃安装
1）窗玻璃的安装顺序，一般应先安外窗，后安内窗，按先西北后东南的顺序安装；如果因工期要求或劳动力允许，也可同时进行安装。
2）玻璃安装前应清理裁口。先在玻璃底面与裁口之间，沿裁口的全长均匀涂抹1～3mm厚的底油灰，然后把玻璃推铺平整、压实，再收净底油灰。
3）木窗玻璃推平、压实以后，四边分别钉上钉子，钉子的间距为150～200mm，每边不少于2个钉子，钉完后用手轻敲玻璃，响声坚实，就说明玻璃安装平实；如果响声啪啦啪啦，则说明油灰不严，要重新取下玻璃，铺实底油灰以后，再推压挤平，然后用油灰填实，将灰边压平压光，并不得将玻璃压得过紧。
4）木窗固定扇（死扇）的玻璃安装，应先用扁铲将木压条撬出，同时退出压条上小钉，并将裁口处抹上底油灰，把玻璃推铺平整，然后嵌好四边木压条将钉子钉牢，底灰修好、刮净。
5）安装斜天窗的玻璃，如设计无要求，则应采用夹丝玻璃，并应从顺流方向盖叠安装。盖叠安装的搭接长度应视天窗的坡度而定，当坡度为1/4或大于1/4时，不小于30mm；坡度小于1/4时，不小于50mm。盖叠处应用钢丝卡固定，并在缝隙中用密封膏嵌填密实；如果用平板或浮法玻璃时，要在玻璃下面加设一层镀锌铅丝网。
6）窗安装彩色玻璃和压花，应按照设计图案仔细裁割，拼缝必须吻合，不允许出现错位、松动和斜曲等缺陷。
7）安装窗中玻璃，按开启方向确定定位垫块，宽度应大于玻璃的厚度，长度不宜小于25mm，并应符合设计要求。
8）玻璃安装以后，应进行清理，将油灰、钉子、钢丝卡及木压条等随即清理干净，关好门窗。
9）冬期施工应在已经安装好玻璃的室内作业（即内窗玻璃），温度应在0℃以上；存放玻璃的库房与作业面的温度不能相差太大，玻璃如果从过冷或过热的环境中运入操作地点，应待玻璃温度与室内温度相近后再进行安装；如果条件允许，要先将预先裁割好的玻璃提前运入作业地点。</td></tr>
</table>

第六节 质量问题及解决方法

1）门窗框翘曲。

其原因是立梃不垂直，两根立梃向相反的两个方向倾斜，即两根立梃不在同一个垂直平面内。因此，安装时要注意垂直度吊线，按照规程操作，门窗框安装完以后，应用水泥砂浆将其筑牢，以加强门窗框刚度；注意成品保护，避免门窗框因车撞、物碰而产生位移。

2）门窗框安装不牢。

由于木砖埋的数量少或将木砖碰松动，也有因钉子少所致。砌半砖隔墙时，应用带木砖的混凝土块，每块木砖上需用两个钉子，上下错开钉牢，木砖间距一般宜为 50 ～ 60mm，门窗洞口每边缝隙不应超过 20mm，否则应加垫木；门窗框与洞口之间的缝隙超过 30mm 时，应灌豆石混凝土；不足 30mm 的应塞灰，且要分层进行。

3）门窗框与门窗洞的缝隙过大或过小。

安装时两边分得不匀，高低不准。一般门窗框上皮应低于门窗过梁下皮 10 ～ 15mm，窗框下皮应比窗台砖层上皮高 50mm，如果门窗洞口高度稍大或稍小，则应将门窗框标高上下进行调整，以保证过梁抹灰厚度及外窗台泛水坡度。门窗框的两边立缝应在立框时用木楔临时固定调整均匀后，再用钉子钉在木砖上。

4）合页不平，螺钉松动，螺帽斜露，缺少螺钉，合页槽深浅不一，螺钉操作时钉入太长，倾斜拧入。

合页槽应里平外卧，安装螺钉时严禁一次钉入，钉入深度不得超过螺钉长度的 1/3，拧入深度不得小于 2/3，拧时不得倾斜。同时应注意数量，不得遗漏，遇有木节或钉子时，应在木节上打眼或将原有钉子送入框内，然后重新塞进木塞，再拧螺钉。

5）上下层的门窗不顺直。

这是由于洞口预留不准，立口时上下没有吊线所致。结构施工时应注意洞口位置，立口时应统一弹上口的中线，根据立线安装门窗框。

6）门框与抹灰面不平。

这是由于立口前没有做好标筋而造成的，安装门框之前必须做好抹灰标筋，根据标筋找正吊直。

第七章 木装修和木制品安装工程

第一节 吊顶工程

吊顶也叫悬挂式顶棚，其构造和施工工艺见表 7-1。

木吊顶工程　表 7-1

项目	图示及说明
吊顶的结构	吊顶主要由三个部分组成：吊杆、骨架、面层。 1）吊杆上部与结构连接下部与主龙骨结合，是吊顶的主要承重部位。它的作用是承受吊顶面层和龙骨架的荷载，并将其传递给屋顶的承重结构。 2）龙骨是吊顶的主要骨架，它的作用是承受吊顶面层的负荷，并将负荷通过吊杆传给屋顶承重结构，龙骨常用木材、金属等材料制成。 3）面层则是龙骨的主要装饰层，除了可以起到装饰作用外，还具有吸音、反射的功能。

续表

<table>
<tr><th>项目</th><th>图示及说明</th></tr>
<tr><td>木龙骨吊顶的施工</td><td>木龙骨是指由木龙骨构成的吊顶，具有成型方便、施工简单、易于制作各种造型顶棚、可镶嵌各种灯具等特点。

（1）材料
1）主龙骨、次龙骨应为烘干无扭曲的红白松木种。黄花松由于木质较硬、容易劈裂，不宜作为吊顶龙骨使用。

木材要求表面平整光洁、没有劈裂、腐蚀、虫蛀、死结等质量缺陷。

规格为界面长 30 ～ 40mm，宽 40 ～ 50mm，含水率低于 10%。手摸时感觉比较干燥，如果手感发凉的话，说明木材湿度较大，容易变形，造成结构改变，影响施工质量。
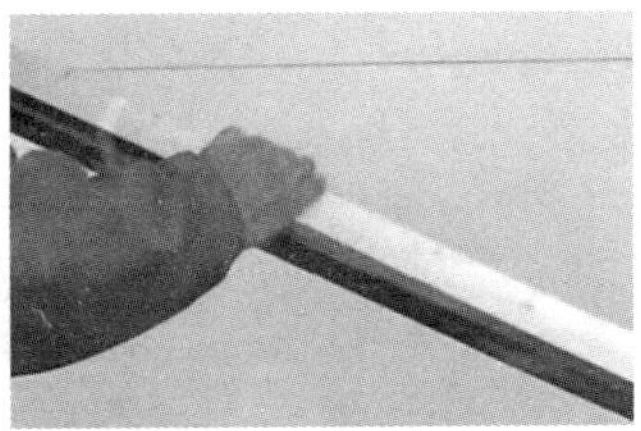</td></tr>
</table>

续表

<table>
<tr><th>项目</th><th>图示及说明</th></tr>
<tr><td>木龙骨吊顶的施工</td><td>2）吊顶饰面板
材板需要具有较好的阻燃性能，表面平整、无凹凸、无断裂、边角整齐。

（2）工具
主要有冲击钻、射钉枪和手提锯等。

（3）弹线
首先应该根据设计标高，沿墙四周弹出水平线，作为安装的标准线。

然后根据设计要求的吊点间距先画出吊顶悬挂点的位置。

应注意吊点的加密及其位置的准确性。一般不上人吊顶吊点间的间距为900～1200mm。
</td></tr>
</table>

续表

<table>
<tr><th>项目</th><th>图示及说明</th></tr>
<tr><td>木龙骨吊顶的施工</td><td>（4）钻孔
当吊点确定以后，就用冲击钻在屋顶确定的吊点位置钻孔，以便安装吊杆。钻孔不能太浅也不能太深，应为5cm左右。

钻孔时应该注意避开房顶的隐蔽管线。
（5）安装吊点紧固件
钻孔后用膨胀螺栓固定木方和铁件来做吊点。
射钉只能固定铁件做吊点，吊点的固定形式如下图所示。用膨胀螺栓固定的木方其截面尺寸通常约为40mm×50mm。
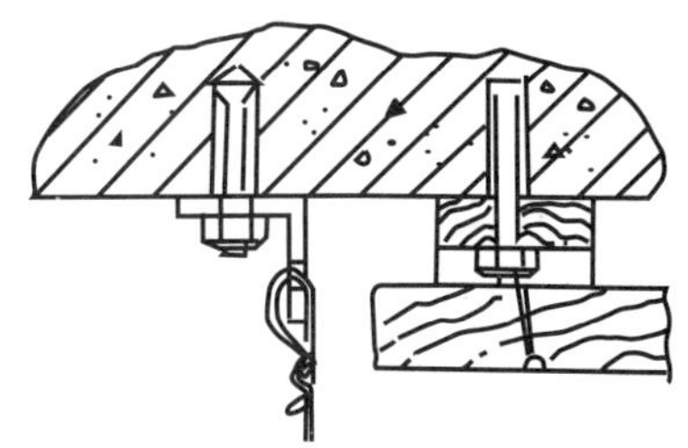
（6）木龙骨架地面拼接
木质顶棚吊顶的龙骨架，一般在吊装前在地面进行分片拼接。拼接的方法如下：
1）先把吊顶面上需要分片或可以分片的尺寸位置定出，根据分片的尺寸进行拼接前安排。
2）通常的做法是先拼接大片的木龙骨架，再拼接小片的木龙骨架。为了便于吊装，木龙骨架最大组合片不大于10m。
3）对于截面尺寸为25mm×30mm的木龙骨，拼接时要在长木方上按中心线距300mm的尺寸开出深15mm、宽25mm的凹槽。
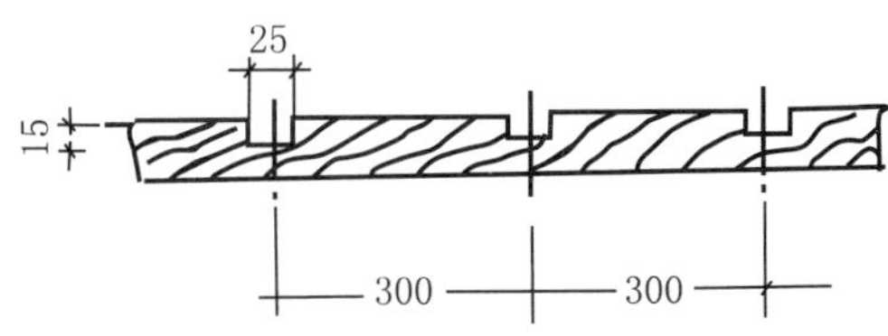
</td></tr>
</table>

续表

<table>
<tr><th>项目</th><th>图示及说明</th></tr>
<tr><td rowspan="4">木龙骨吊顶的施工</td><td>如果有成品凹方采购可以省去此工序。然后，按凹槽对凹槽的方法进行拼接，在拼口处用小圆铁钉加胶水固定。
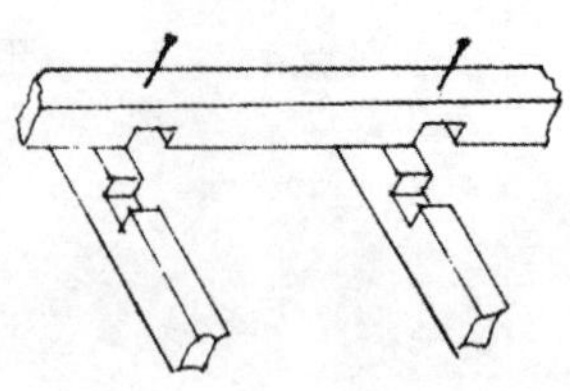</td></tr>
<tr><td>（7）木龙骨吊装施工
1）分片吊装：对于平面吊顶的吊装，一般先从一个墙角位置开始。其方法为：
①将拼接好的木龙骨架托起至吊顶标高位置。对于高度低于3.2m的吊顶骨架，可以在骨架托起后用高度定位杆支撑，使高度略高于吊顶标高线。
②用棉线或尼龙线沿吊顶标高线拉出平行和交叉的几条标高基准线，该线就是吊顶的平面基准。
③然后将木龙骨慢慢向下移位，使之与平面基准线平齐。待整片龙骨架调平之后，将木龙骨架靠墙部分与沿墙木龙骨钉接。再用吊杆与吊点固定。
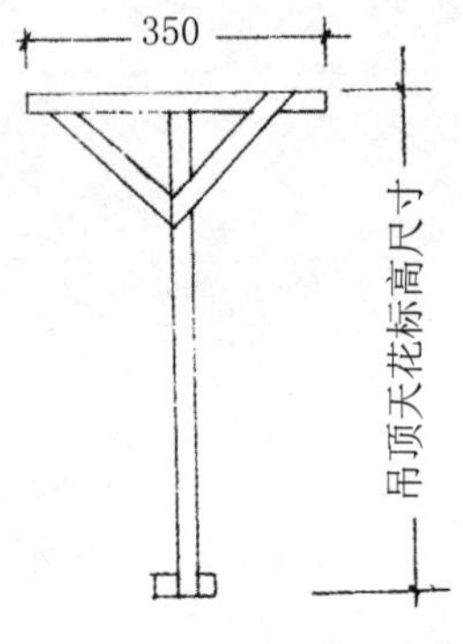
</td></tr>
<tr><td>2）与吊点固定：用角铁固定的方法。在一些重要的位置或需要上人的位置，常用角铁进行固定连接木骨架。对做吊杆的角铁也应该在端头钻2～3个孔以便调整。
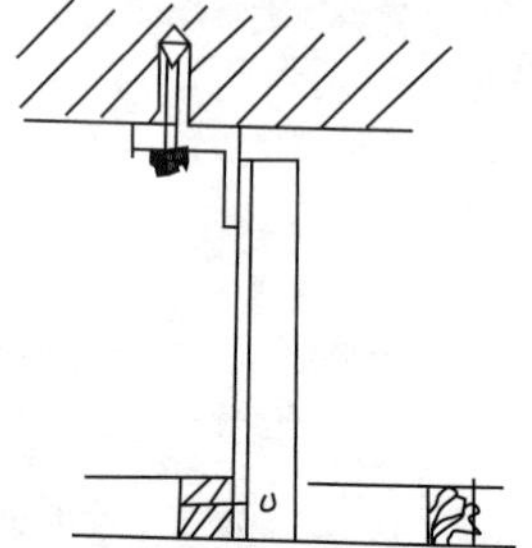</td></tr>
<tr><td>角铁和木龙骨连接时，可以设置在木龙骨架的角位上，用两只木螺钉固定。
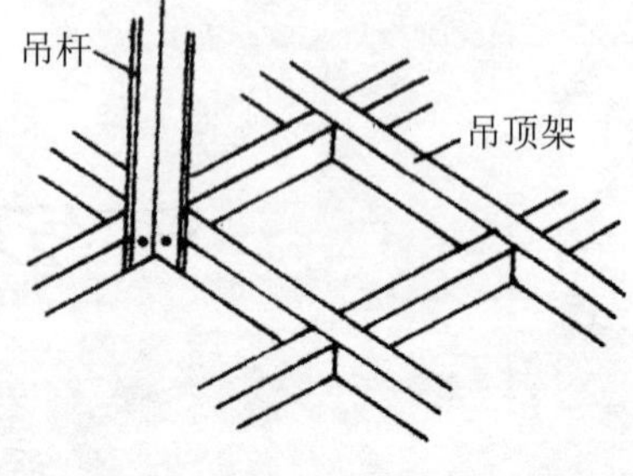
</td></tr>
</table>

续表

<table>
<tr><th>项目</th><th>图示及说明</th></tr>
<tr><td>木龙骨吊顶的施工</td><td>3）分片间的连接：两分片木骨架有平面连接和高低面衔接两种。
①两分片骨架在同一个平面对接时，骨架的各端头应该对正，并且用短木方进行加固。加固方法有顶面加固与侧面加固两种。对一些重要部位或有上人要求的吊顶，可以用铁件进行连接加固。
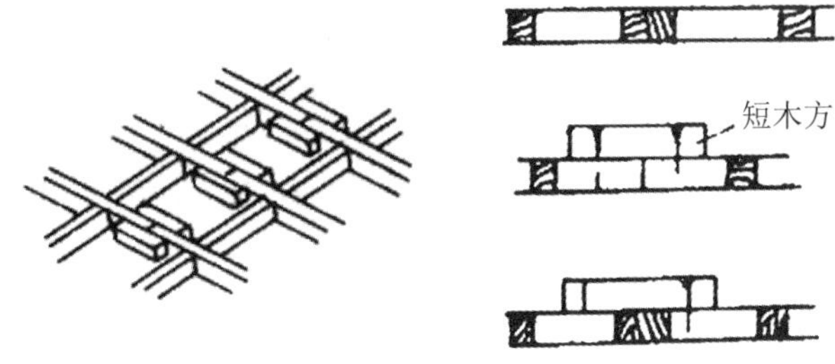

②迭级平面吊顶高低面的衔接方法，通常是先用一条木方斜拉地将上、下两平面龙骨架定位，再将上、下平面的龙骨用垂直的木方条固定连接。
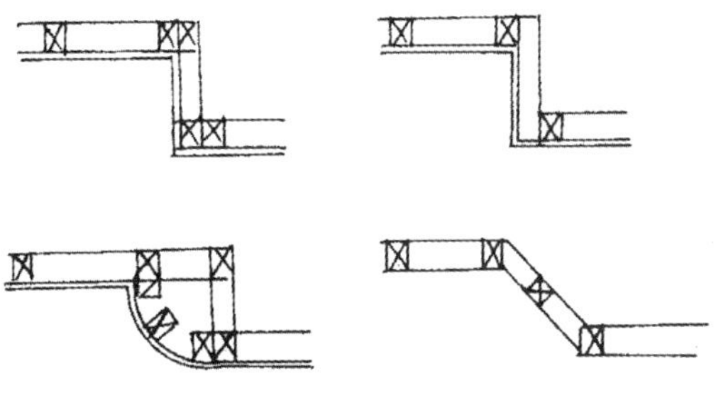</td></tr>
</table>

第二节 木质地板施工工艺

木质地板具有质量轻、弹性好、导热系数低、易于加工、不老化、脚感舒适等优点。按照材料不同，木地板可分为实木地板和复合地板两种。木质地板的施工工艺，见表 7-2。

木质地板的施工工艺　　表 7–2

<table>
<tr><th>种类</th><th>图示及说明</th></tr>
<tr><td>实木地板</td><td>实木地板一般由天然木材加工而成，由于具有木材自然的色调、天然的纹理而受到人们的喜爱。但实木地板比较容易受潮，所以在安装前，一般在地面铺设木格栅，以便防止实木地板与地面直接接触。

（1）测量、弹线
在安装实木地板前，首先要按照设计要求，结合房间实际情况进行测量、弹线。
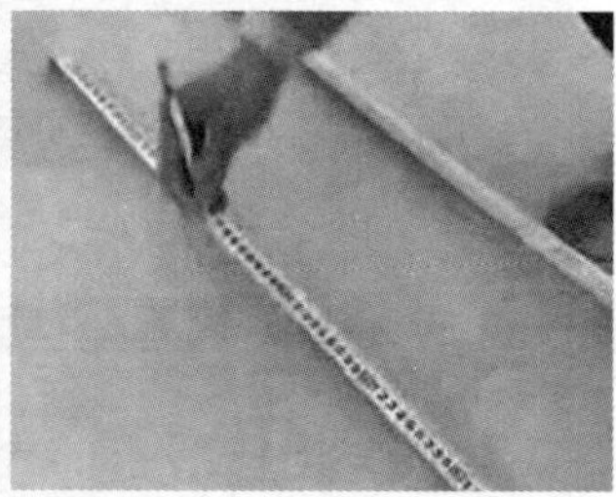
先在已处理的基层表面弹出控制线，再弹出垂直交叉的定位线。线迹要清晰、尺寸要准确。两条线之间的间距：纵向不大于 800mm，横向不大于 400mm。

然后确定十字交叉点，以便安装木格栅。
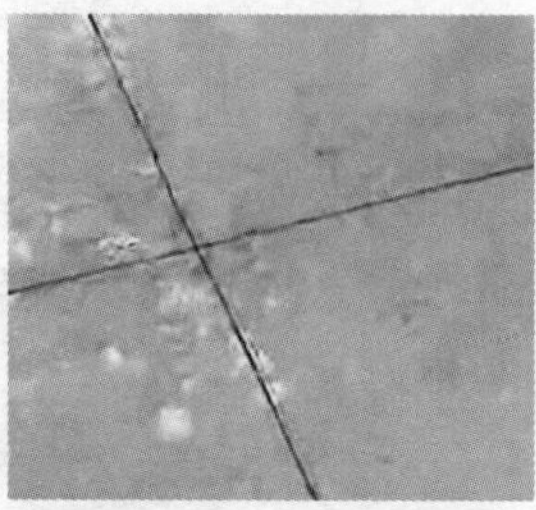</td></tr>
</table>

续表

<table>
<tr><th>种类</th><th>图示及说明</th></tr>
<tr><td>实木地板</td><td>格栅与地面的连接固定，常采用埋木楔的方法。

放线后首先要在两条线的十字交叉点，用冲击钻在地面钻孔，孔深为 40mm 左右，孔距为 0.8m。孔的位置应避开楼板缝和地下管线的位置。

（2）铺设木格栅
在所有的交叉点都钻好孔，然后将事先准备好的木楔子打入孔中（注意木楔子的断面要比洞眼稍大）。

将木楔子安装完毕后再用钉子，将格栅木框架与木楔子连接固定。木框架可采用断面尺寸为 30mm×40mm 的木方，间距一般为 400mm。
</td></tr>
</table>

续表

<table>
<tr><th>种类</th><th>图示及说明</th></tr>
<tr><td>实木地板</td><td>将木格栅全部安装好以后，还要根据业主要求，在木格栅中预埋电话线等入电管线。

（3）清理基层
安装地板之前，首先要将地面清扫干净，使地面没有垃圾、灰土、砂浆块等杂物。同时，木地板容易受潮、虫蛀，还要在格栅之间的空格中均匀放置防蛀剂。

在放置防蛀剂后，另外还要在木格栅上铺上一层泡沫塑料底垫，以起到更好的隔湿、防潮作用。

（4）木地板的安装
木地板的安装一般都是从房间的一侧开始，目前木地板的固定主要采用钉接法。
</td></tr>
</table>

续表

<table>
<tr><th>种类</th><th>图示及说明</th></tr>
<tr><td>实木地板</td><td>首先在木格栅上抹上适量的胶，将木地板粘上。注意木地板与墙面之间要留 10mm 左右的伸缩缝，以防止地板的热胀冷缩，引起抽缝。

然后用电钻在木地板上侧面钻一个 50mm 深的眼，将圆钉从斜向钉入，并固定在木格栅上。同一行的钉帽钉在一条直线上，钉帽必须砸扁，并冲入板内 3 ～ 5mm。
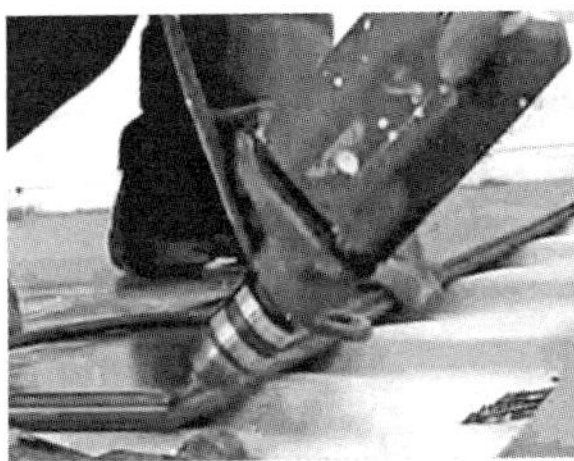 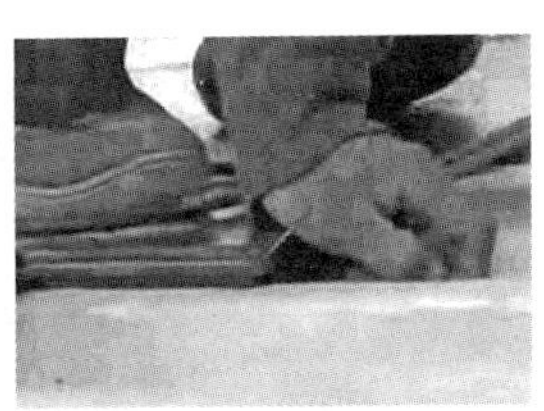
木地板的铺设方向，应考虑铺钉方便、固定牢固、使用美观的要求。一般应顺着行走的方向铺设。
另外，两行木地板之间的接头位置要错开铺设，以保证牢固。

木地板安装完毕后，还要在房间四周的墙面上安装踢脚线，踢脚线也要事先测量好，并锯成相应长度。
踢脚线与墙面的固定一般也采用埋木楔的方法。踢脚线的安装要求是铺设接缝严密、表面光滑、高度及出墙厚度一致。
</td></tr>
</table>

续表

<table>
<tr><th>种类</th><th>图示及说明</th></tr>
<tr><td>实木地板</td><td>踢脚线安装完毕后，还要将木地板面层擦拭干净，这样就安装完成了。
</td></tr>
<tr><td>复合
木地板</td><td>复合木地板是在原木粉碎后加入防腐剂、添加剂，经高温高压压制而成。复合木地板的强度高、规格统一、防蛀防腐，克服了原木表面的疤节、虫眼等质量问题。

该地板为长条形，四边开槽，安装时通过板材自身的槽榫相互插接在一起。

只需要在地面上铺上一层塑料底垫即可安装。
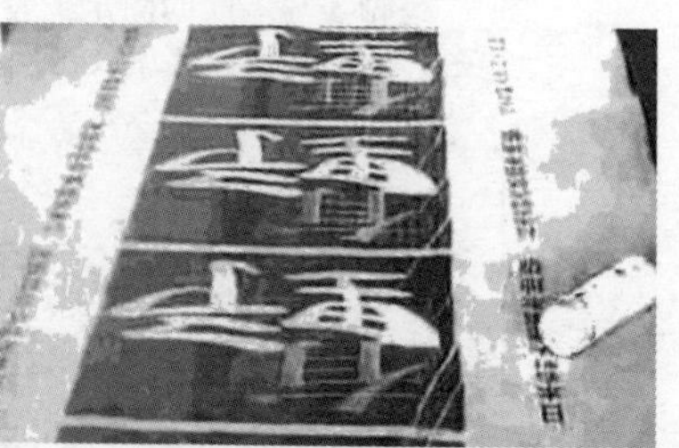</td></tr>
</table>

续表

<table>
<tr><th>种类</th><th>图示及说明</th></tr>
<tr><td>复合木地板</td><td>铺贴可从一层开始，逐行进行。安装第一块板时，首先要在装板的地方抹上适量的胶，将木地板粘牢，同时要注意，使之与墙之间留 10mm 左右的间隙作为伸缩缝。
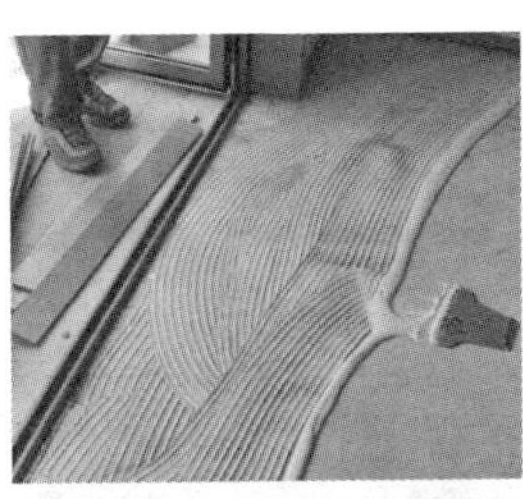
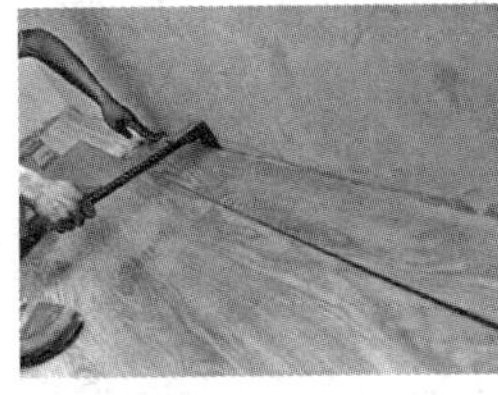
第一块安装好后，将第二块板的端头槽与第一块板的榫插接，然后用脚轻踢，使木板挤紧。安装木地板时要注意，穿底面较平、摩擦力较大的运动胶底鞋，以免损伤木地板。

按这种方法依次安装至墙边，当安装到每一行的最后一块时，先取一块整板放在前一块板上，一侧靠墙，从另一侧板面上画线，再顺线锯断，安装上去，就可以了。

上一行铺好后，在铺下一行前，即可涂胶拼装。先将胶水均匀涂抹在前一行板的纵向侧边。
注意胶不要抹太多，以免挤出影响安装质量。</td></tr>
</table>

续表

<table>
<tr><th>种类</th><th>图示及说明</th></tr>
<tr><td>复合
木地板</td><td>然后将地板安装上去，挤紧就可以了。

当铺到门角等地方时，也要先将整块板试铺上去，做好标记，然后切割成相应形状，再铺上去。

当整个房间铺满后，还要在墙的周围安装踢脚线，踢脚线要用钉子钉固在墙上的木楔中，其厚度不小于15mm，以保证能压盖住地板的伸缩缝。

注：1）安装好的木地板要做到板面铺钉牢固、无松动、粘贴牢固、无空鼓。
2）使用胶的品种符合规范要求。
目测检查木地板，表面刨平、磨光、无创痕和毛刺、图案清晰、面层颜色一致、铺装方向正确、面层接缝严密接头位置错开、表面洁净。</td></tr>
</table>

无论是实木地板还是复合木地板，由于其材料的特殊性，在运到施工现场后，都应拆包在室内存放一个星期以上，使木地板与居室温度、湿度相适宜以后，才能使用。铺装木地板应避免在大雨、阴雨等气候条件下施工，施工中最好保持室内温度、湿度的稳定，以避免因温度、湿度变化，使木地板发生伸缩，造成抽缝现象。

第三节 其他木装修工程

其他木装修工程的构造和施工，详见表 7-3。

其他木装修工程的构造和施工 表 7-3

项目	图示及说明
木挂镜线	挂镜线是为了室内悬挂镜框、画幅等而设计的，同时也起到了一个装饰的作用。 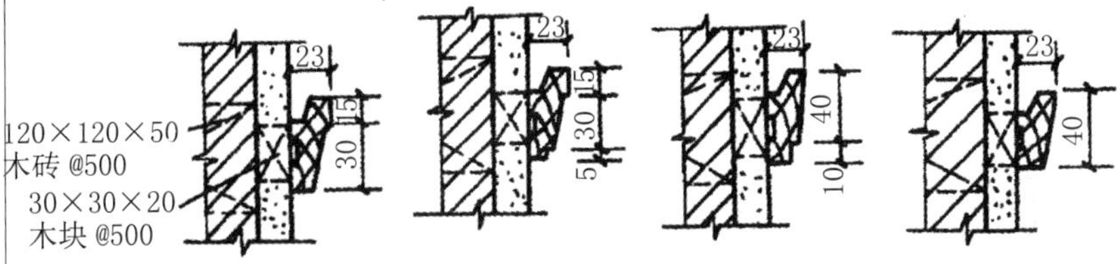 120×120×50 木砖 @500 30×30×20 木块 @500 23 15 30 23 15 30 5 23 40 10 23 40 在挂镜线的长度范围内，墙内应预先砌入防腐木砖，间距为 500mm，在防腐木砖外面钉上防腐木块。待墙面粉刷做好以后，即可钉挂镜线。挂镜线一般用明钉钉在木块上，钉帽砸扁冲入木内。挂镜线要求四面水平，标高一致。标高应从地面量起，不应从吊顶向下看（因为吊顶四边不一定与标高一致，从吊顶向下看容易产生挂镜线标高不一致的现象）。挂镜线在墙的阴、阳角处，应将端头锯成 45° 角平缝相接。挂镜线的接长处应并列钉上两块防腐木块，两端头对齐后各自钉牢在木块上，不应使其悬空。
木筒子板和贴脸	（1）木筒子板和贴脸的构造 1）木筒子板的构造。木筒子板用于镶包门洞口，或用于镶包钢、木、铝合金门窗口，常用五层胶合板或带花纹的硬木板制作而成。 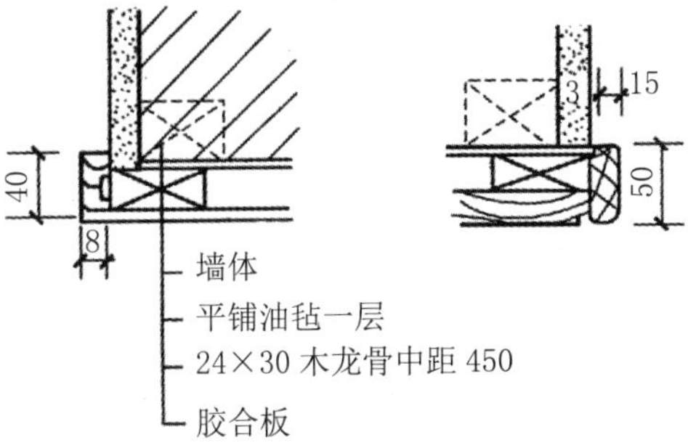 40 8 墙体 平铺油毡一层 24×30 木龙骨中距 450 胶合板 3 15 50 （a）镶包门洞口

续表

<table>
<tr><th>项目</th><th>图示及说明</th></tr>
<tr><td>木筒子板和贴脸</td><td>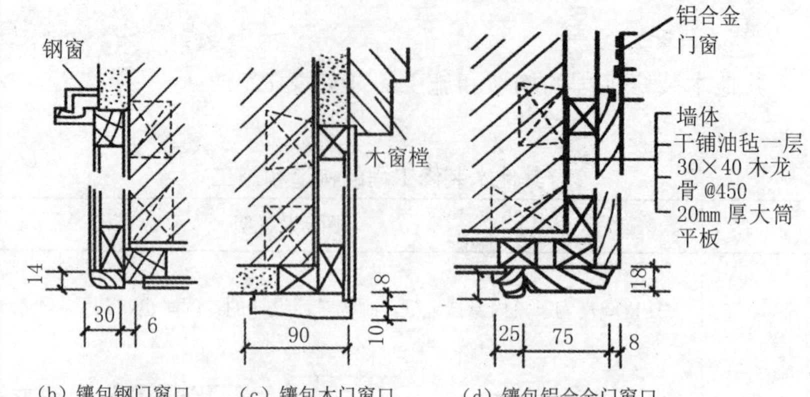

（b）镶包钢门窗口　（c）镶包木门窗口　（d）镶包铝合金门窗口
一些门窗洞口常用筒子板和贴脸进行镶包。筒子板可采用木板或胶合板，贴脸一般采用木板。筒子板和贴脸既可保护门窗框和墙角不被碰伤，遮盖门窗框与墙之间的缝隙，又能起到装饰美化作用。
2）木贴脸的构造。木贴脸多用于木门窗框室内一侧与墙平齐的部位，将室内抹灰层与木门窗之间的缝口盖住，使其美观整齐。
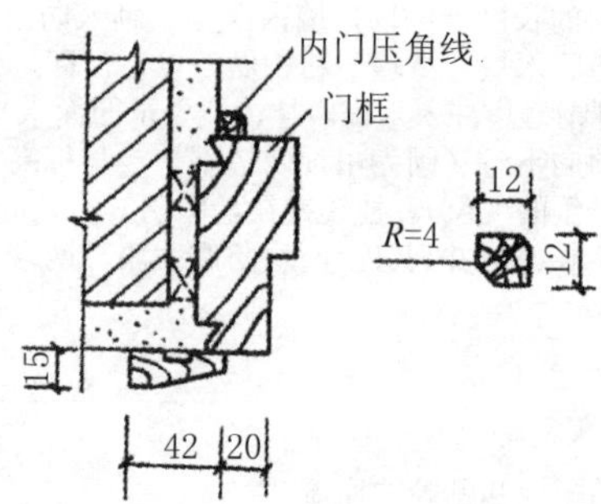

（2）木筒子板和木贴脸在施工时应注意的事项
1）木筒子板和木贴脸所用的树种、材质等级、含水率和防腐处理等，必须符合设计要求及国家现行标准的有关规定。
2）镶钉牢固，无松动现象，表面平直光滑，楞角方整，线条顺直，无戗槎、刨痕、毛刺、锤印等缺陷。
3）安装位置正确，割角整齐，接缝严密，与墙面紧贴，出墙尺寸一致。
4）木贴脸板内边沿至门窗框裁口的允许偏差不大于 2mm。</td></tr>
<tr><td>木制窗台板</td><td>1）窗台板的规格尺寸应符合设计要求，与墙体接触面应涂刷防腐剂。
2）安装窗台板时，其两侧伸出窗洞以外的尺寸要一致。
3）窗台板的安装标高应符合设计图纸的规定，并要求保持水平，两端应牢固嵌入墙内，里边宜插入到窗框下冒头的裁口内。
4）木窗台板的宽度大于 150mm 的，拼合时应穿暗带；长度超过 1.5m 的，窗台中部应预埋木砖，再用扁头钉钉牢。</td></tr>
</table>

续表

<table>
<tr><th>项目</th><th>图示及说明</th></tr>
<tr><td>楼梯
木扶手</td><td>（1）楼梯木扶手的构造
楼梯木扶手广泛应用于工业、民用、商业、宾馆等建筑中，楼梯木扶手的材料一般选用硬杂木，其断面形式很多，常见的如下图所示。图中①～⑥的高度各有120mm、150mm 和 200mm 三种规格。根据工程性质和楼梯使用场合，由建筑设计人员选用其类型和不同断面高度。
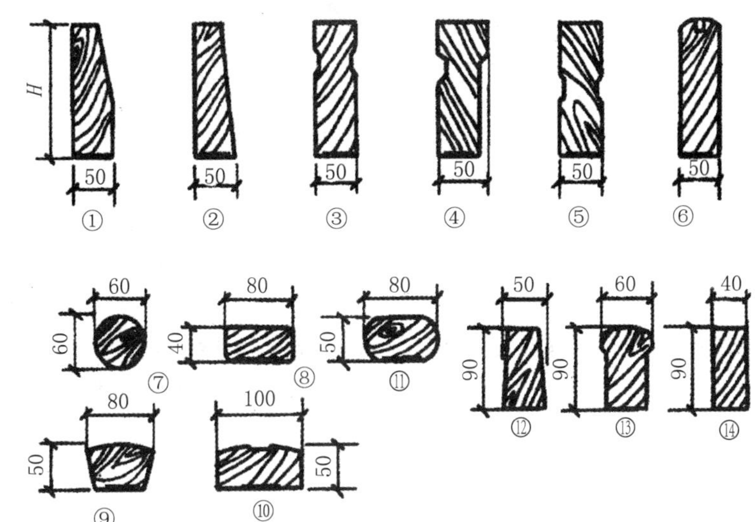

（2）楼梯木扶手的施工
1）木扶手和扶手弯头的制作
①木扶手的制作。木扶手按照设计要求制作，扶手底部应开槽，以便于与铁栏杆连接。槽深为 3 ～ 4mm，槽宽根据栏杆所用扁铁尺寸而定，扁铁上每隔 300mm 钻孔，用木螺钉与木扶手固定。
②扶手弯头的制作。扶手弯头的制作是根据足尺样板进行的，用整料出方制作，根据样板仔细划线，再用窄条锯锯出雏形毛坯（毛坯尺寸一般比实际尺寸大 70mm 左右）。当楼梯栏板与栏板之间的距离不足 200mm 时，扶手弯头可以整只做，但大于 200mm 时就需断开做。一般弯头伸出的长度为半个楼梯踏步。先做弯头的底，然后沿扶手坡度找平划线，再用刨刨平。为防止与扶手连接时亏料，故需留线。
2）木扶手和扶手弯头的安装。木扶手的安装方法：木扶手应按由下向上的顺序进行安装。按栏杆斜度做好起步弯头，再接扶手，它们之间的接口需在下面做暗榫，也可用胶粘接。为保证扶手安装的美观，逐根进行扶手安装时需以靠踏步一面的栏板或栏杆平面为准。全部扶手、弯头安装完毕后再修接头，要求斜度通顺，弯曲自如。
木扶手的末端与墙、柱的连接方法有两种：一种是将扶手底部的通长扁铁与墙或柱内的预埋件焊牢，扁铁与扶手用木螺钉固定；另一种是将通长扁铁做成燕尾形，伸入墙或柱的预留孔内，用水泥砂浆窝牢，扁铁与木扶手也要用木螺钉固定。扶手安装完毕以后，应刷一道干性油漆，以防止受潮变形。</td></tr>
</table>

第四节 楼梯扶手的安装

楼梯扶手包括金属栏杆木扶手、混凝土栏板固定式木扶手、靠墙楼梯木扶手。

1. 找位与划线

1）安装扶手的固定件。位置、标高、坡度找位校正以后，弹出扶手纵向中心线。

2）按照设计扶手构造，根据折弯位置、角度，划出折弯或割角线。

3）根据楼梯栏板和栏杆顶面，划出扶手直线段与弯头、折弯段的起点和终点的位置。

2. 弯头配制

1）按栏板或栏杆顶面的斜度，配好起步弯头。木扶手一般可用扶手料割配弯头，采用割角对缝粘接，在断块割配区段内最少要考虑三个螺钉与支承固定件连接固定。大于70mm断面的扶手接头在配制时，除了粘接以外，还应在下面做暗榫或用铁件铆固。

2）整体弯头制作。先做足尺大样的样板，并与现场划线核对以后，在弯头料上按样板划线，制成雏形毛料（毛料尺寸一般约大于设计尺寸10mm）。按划线位置预装，与纵向直线扶手端头粘接，制作的弯头下面应刻槽，与栏杆扁钢或固定件紧贴结合。

3. 连接预装

预制木扶手需经预装，预装木扶手由下往上进行，先预装起步弯头及连接第一跑扶手的折弯弯头，再配上下折弯之间的直线扶手料，进行分段预装粘接，粘接时的操作环境温度不得低于 5℃。

4. 固定

分段预装检查无误后，进行扶手与栏杆（栏板）的固定，用木螺钉拧紧固定，固定间距宜控制在 400mm 以内，操作时应在固定点处，先将扶手料钻孔，再将木螺钉拧入，不得用锤子直接打入，螺帽应达到平正。

5. 整修

扶手折弯处如有不平顺，应用细木锉锉平，找顺磨光，使其折角线清晰，坡角合适，弯曲自然、断面一致，最后用木砂纸打光。

不同种类的楼梯扶手的安装，见表 7-4。

楼梯扶手的安装　　表 7-4

种类	图示及说明
金属栏杆木扶手	栏杆立柱固定式木扶手由木扶手和金属栏杆两部分组成。木扶手可采用矩形、圆形和各种曲线截面。金属栏杆可采用方钢管、钢筋和各种花饰。 金属栏杆木楼梯扶手的安装方法：按楼梯扶手倾斜角截好金属立柱的长度和上下斜面。先立两端立柱，将其和预埋铁件焊牢立直。从上面两立柱上端拉通线，焊立中间各立柱，并套上法兰。在立柱上端焊接扁钢，并钻上均匀的螺钉孔。将木扶手下的凹槽卡在扁铁上，从扁铁下拧入木螺钉固定。木扶手的连接宜采用暗燕尾榫连接。扶手弯头与直扶手暗燕尾榫结合后将接头修平磨光。待楼梯混凝土面层干后用环氧树脂将法兰粘牢。

续表

<table>
<tr><th>种类</th><th>图示及说明</th></tr>
<tr><td>金属栏杆木扶手</td><td>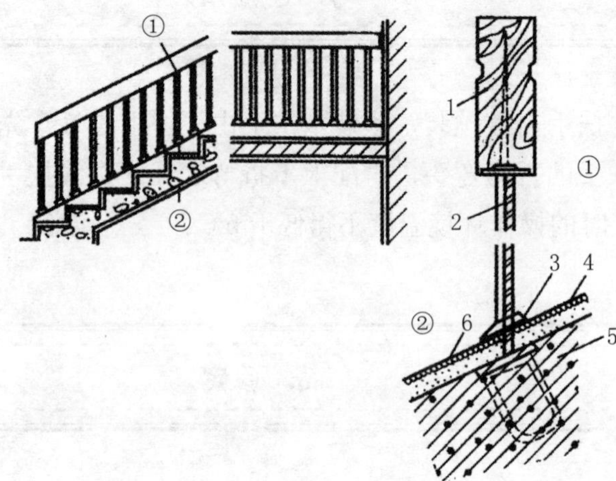

1—木扶手；2—立柱；3—法兰；
4—预埋铁件；5—楼梯混凝土；6—水磨石</td></tr>
<tr><td>混凝土栏板固定式木扶手</td><td>将木扶手平放在栏杆上，对接好弯头以后，对准预埋木砖钻孔，拧入木螺钉固定。将木扶手上的木螺钉孔塞入木块，胶粘后修平磨光即可。
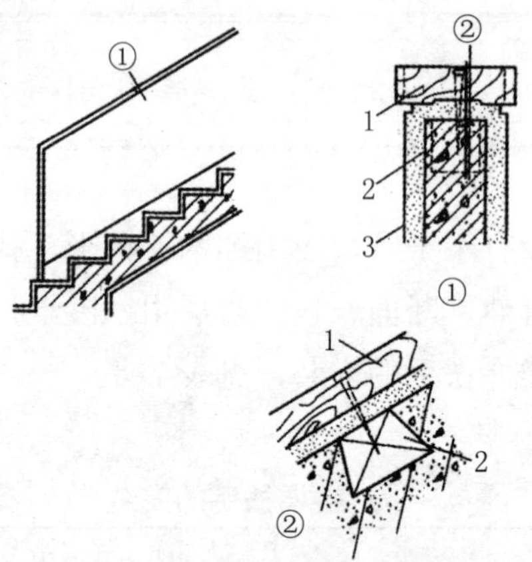

1—木扶手；2—预埋梯形木砖；3—混凝土栏板</td></tr>
<tr><td>靠墙楼梯木扶手</td><td>靠墙楼梯木扶手的安装，先将上下两个铁件塞入墙洞，调直后用碎石混凝土填实固定。在上下两铁件上拉通线，中间各铁件以此线为准放立和固定并套上法兰。在已固定好的铁件上焊接 4mm×40mm 的通长铁条，并在铁条上按 150 ～ 300mm 的距离钻好木螺钉孔。将木扶手下的凹槽卡在扁铁上，从下面拧入木螺钉固定。待墙面抹灰干后将法兰盘用胶粘牢在墙面上。</td></tr>
</table>

续表

种类	图示及说明
靠墙楼梯木扶手	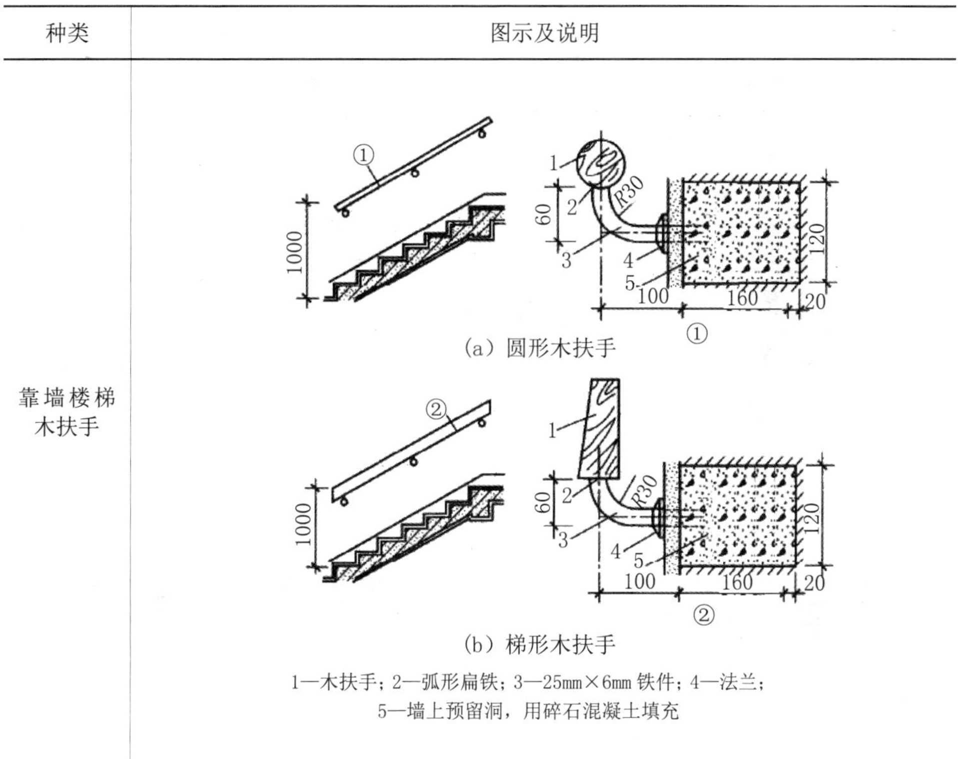 (a) 圆形木扶手 (b) 梯形木扶手 1—木扶手；2—弧形扁铁；3—25mm×6mm 铁件；4—法兰； 5—墙上预留洞，用碎石混凝土填充

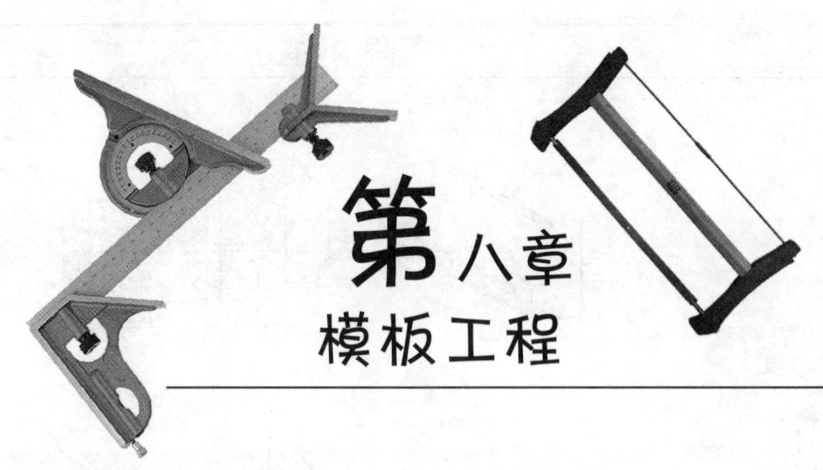

第八章 模板工程

第一节 过梁、圈梁和雨篷模板

过梁、圈梁、雨篷模板支模方法及构造见表 8-1。

过梁、圈梁、雨篷模板支模方法及构造　　　表 8-1

类别	支模方法	图示及说明
过梁	支撑 支模法	先在靠窗、洞侧面墙上各立 1 根琵琶支撑，然后按照洞口标高支设过梁底板。侧板外侧钉夹木、斜撑，加以固定，侧板上口钉搭头木，保持过梁宽度。 1—木档；2—搭头木；3—夹木；4—斜撑；5—顶撑

续表

类别	支模方法	图示及说明
圈梁	挑扁担支模法	在圈梁底面下一皮砖处，每隔 1m 留一顶砖孔洞，穿 50mm×100mm 木方作扁担，竖立两侧模板，用夹木和斜撑支牢，侧板上口卡上临时支撑。 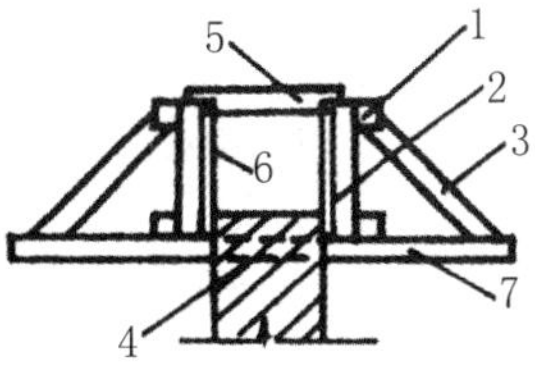 1—横担；2—拼条；3—斜撑；4—墙洞 60mm×120mm； 5—临时撑木；6—侧板；7—扁担木
	木制卡具倒卡法	支模方法与钢管卡具倒卡法相同，但需将钢管卡具改为木制卡具。木制卡具由卡具立档、卡具横档及螺栓组成。 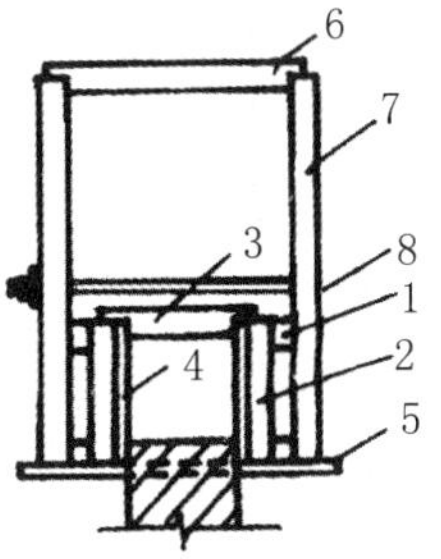 1—横木；2—拼条；3—临时撑木；4—侧模； 5—ϕ10 钢筋；6—卡具横档；7—卡具立档；8—ϕ10 ～ 12 螺栓
雨篷	支撑支模法	支模时先按过梁模板安装方法立好顶撑，按设计标高钉过梁底板，装过梁侧板，钉搭头木固定梁宽。在雨篷一面侧板外侧钉上托木，架雨篷搁栅，一端支于牵杠上，然后钉雨篷底板，再钉雨篷侧板。 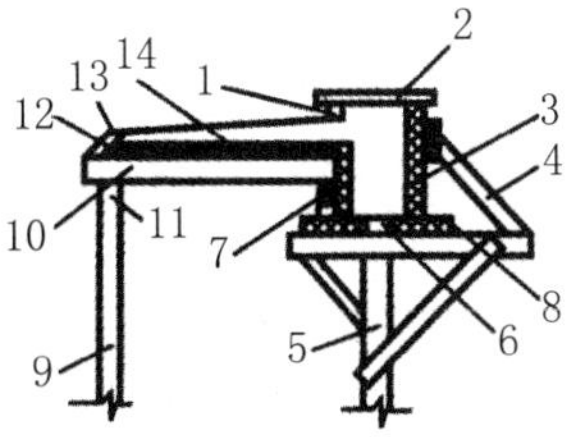 1—木条；2—搭头木；3—过梁侧板；4—斜撑；5—顶撑； 6—过梁底板；7—托木；8—夹木；9—牵杠撑；10—搁栅； 11—牵杠；12—三角木；13—雨篷侧板；14—雨篷底板

第二节 预制模板工程

预制模板支模方法及构造见表8-2。

预制模板支模方法及构造 表8-2

<table>
<tr><th>分类</th><th>图示及说明</th></tr>
<tr><td>预制柱模板</td><td>(1) 矩形或方形截面
1) 砖胎模
用黏土砖和培土作为侧模，铺砖或夯填土作底模，模内抹水泥砂浆或用白灰罩面，以确保构件表面平整。
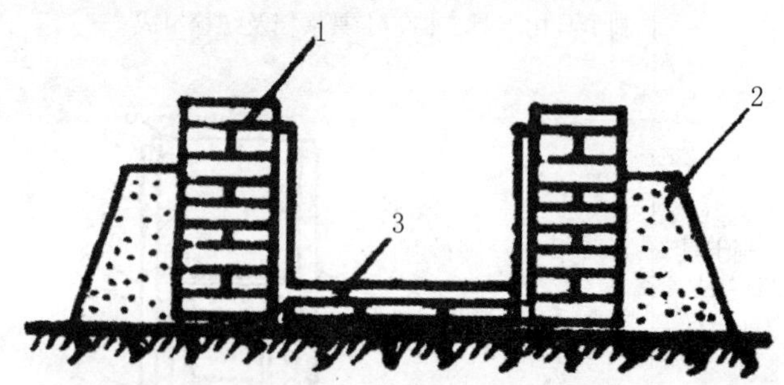

1—砖砌侧模；2—培土夯实；3—抹泥浆15mm，罩白灰2mm
2) 简单装拆式模板
先将场地平整夯实，把垫板铺在地面上，上面放横楞和木楔，然后铺钉底板，上侧板，钉斜撑，支撑牢固，侧板上口钉搭头木。
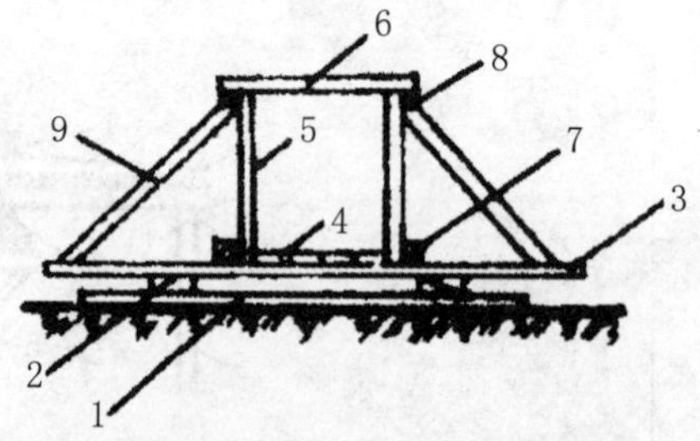

1—垫板；2—木楔；3—横楞；4—底板；5—侧模板；
6—搭头木；7—夹木；8—托木；9—斜撑</td></tr>
</table>

续表

<table>
<tr><th>分类</th><th>图示及说明</th></tr>
<tr><td>预制柱模板</td><td>3）长夹木法支模
根据构件叠浇的层数及高度，夹木一次配料，多次周转使用。长夹木的紧固，可用钢筋箍加木楔或用 φ12 螺栓拉紧。
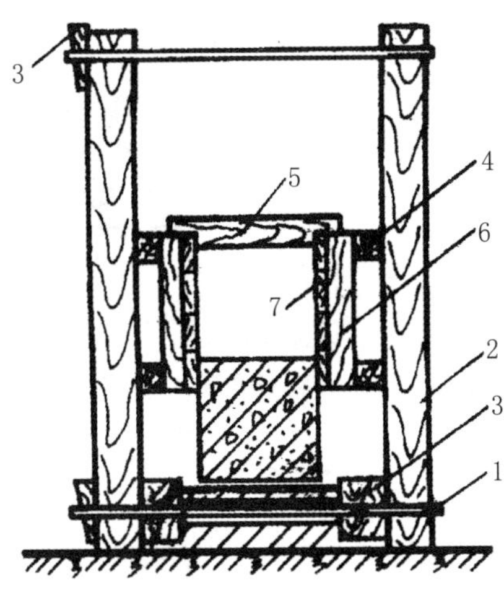

1—φ10 钢筋箍（接头焊接）；2—长夹木；3—硬木楔；
4—横档；5—临时撑头；6—拼条；7—侧模

（2）工字形截面
1）地下式土胎模
当土质较好时，可按构件形状、尺寸开挖，在原槽抹面成型，抹面材料可用水泥砂浆或白灰黏土砂浆。
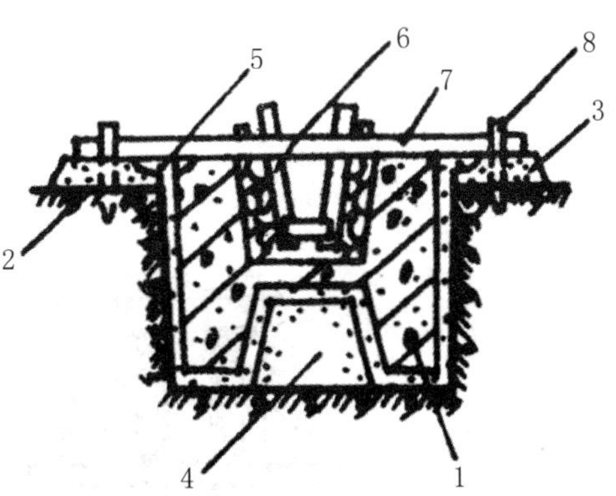

1—工字形柱（或矩形梁）；2—地坪；3—培土夯实；
4—土底模；5—抹面；6—木芯模；
7—吊帮方木，间距 1.2m；8—木桩</td></tr>
</table>

续表

<table>
<tr><th>分类</th><th>图示及说明</th></tr>
<tr><td>预制柱模板</td><td>2）地上式土胎模
在平地上填土夯实成型，用木或钢定型模板做侧板，下芯模为土胎芯抹面，上芯模为木模。
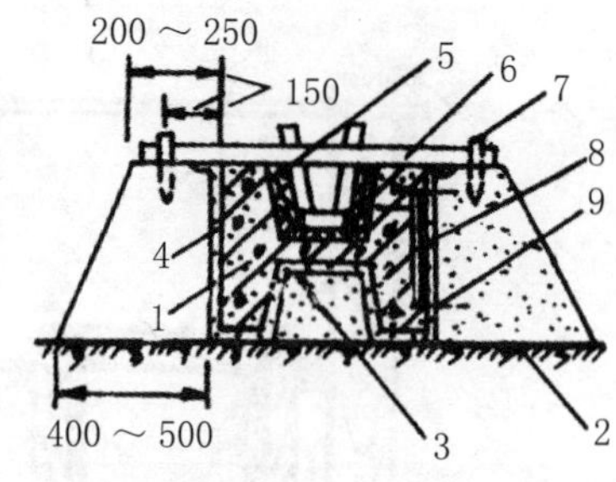

1—工字形柱（或矩形梁）；2—地坪；3—培土夯实；
4—土底模；5—抹面；6—木芯模；7—吊帮方木，间距 1.2m；8—木桩；9- 铁钉</td></tr>
<tr><td>预制梁模板</td><td>（1）矩形梁
矩形梁砖胎模与柱砖胎模相同。
（2）T 形梁
1）利用地坪无底模
利用已有的混凝土地坪作底模，两侧用斜撑将侧模板支设牢固，T 形梁侧模板上口用搭头木钉牢。
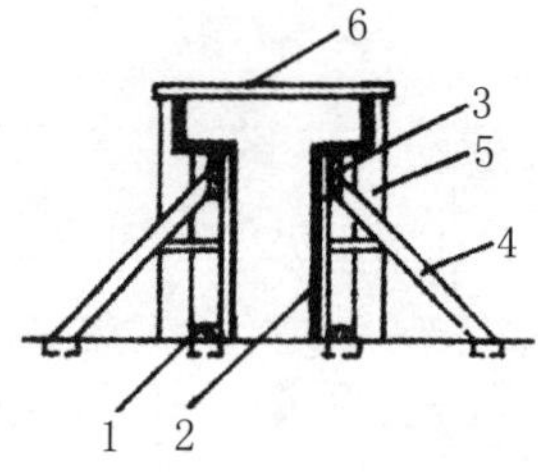

1—夹木；2—侧板；3—托木；4—斜撑；5—立档；6—搭头木
2）木模立打支模
将地面夯实，放垫木并加木楔，铺上横楞，调整平后，在横楞上铺梁底模板，钉侧模板，用斜撑支牢，翼缘较宽时，须在翼缘底模加设竖撑加固。
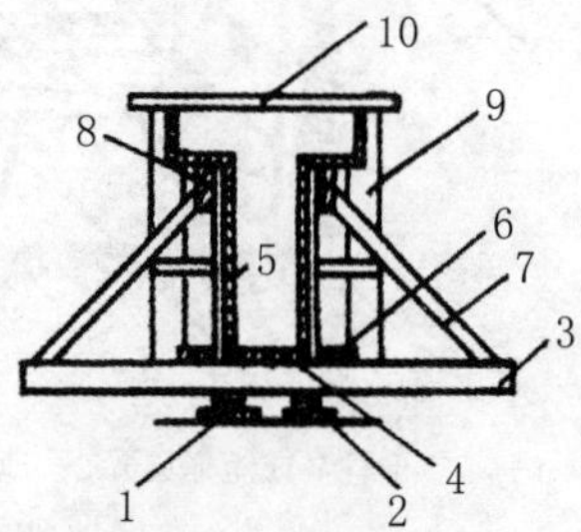

1—垫木；2—木楔；3—横楞；4—底板；5—侧板；
6—夹木；7—斜撑；8—托木；9—立档；10—搭头木</td></tr>
</table>

续表

<table>
<tr><th>分类</th><th>图示及说明</th></tr>
<tr><td rowspan="2">预制桩模板</td><td>1）无底连续浇筑支模
以现有或专门浇筑的混凝土地坪为底模，按照桩的截面尺寸立边模板，利用相邻模板连续预制。
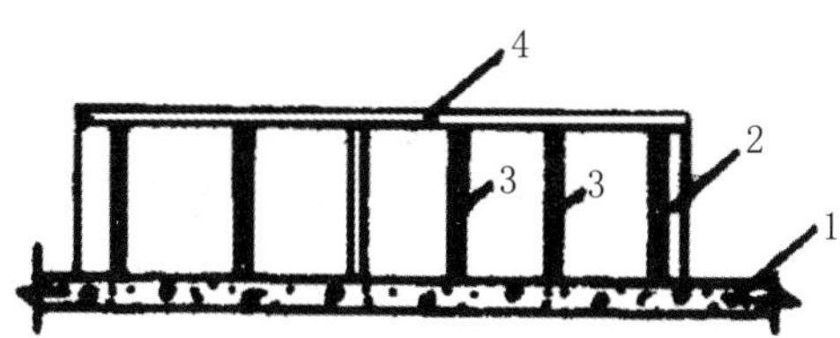

1—水泥地坪；2—封头板；3—侧模板；4—搭头木</td></tr>
<tr><td>2）无底间隔支模
在混凝土地坪上支模浇筑第一根桩，拆模后留出第二根桩的空位，距离为桩宽，支第三根桩模板，如此完成1、3、5、7……根桩，在两桩空隙中浇筑2、4、6……根桩。这种方法可以大大节省模板，但桩与桩的侧面必须涂好隔离剂。
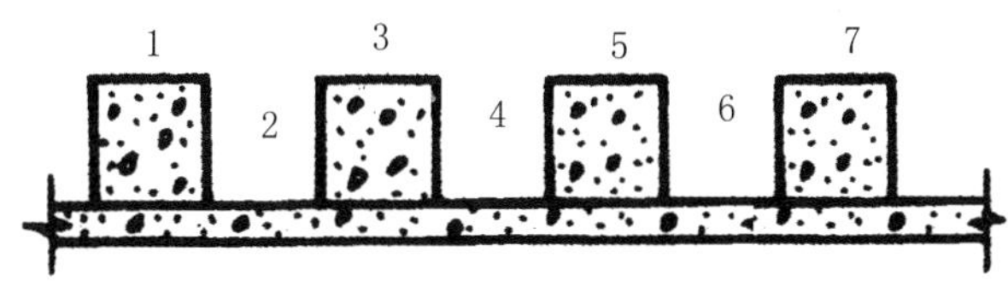
</td></tr>
</table>

第三节 大模板工程

1. 大模板的构造

大模板由面板、钢骨架、角模、斜撑、操作平台挑架、对拉螺栓等组成（图8-1）。

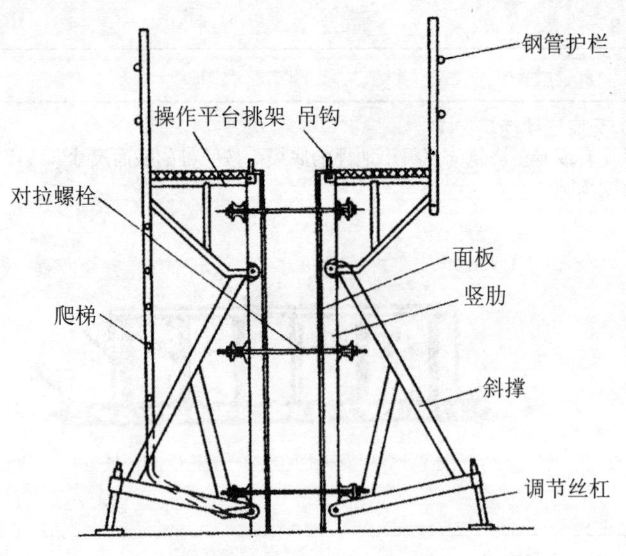

图 8-1 大模板的构造

1）大模板的外形尺寸、孔眼尺寸应符合 300mm 建筑模数，其应满足结构简单、重量轻、坚固耐用的要求，面板则应满足现浇混凝土的质量要求。

2）大模板应有足够的承载力、刚度和稳定性，其支撑系统应能满足施工和安全的要求。

3）大模板应配有承受混凝土侧压力的对拉螺栓及其连接件，对拉螺栓孔应对称设置。大模板背面通常设置工具箱，以放置对拉螺栓、连接件以及工具等。

4）大模板吊环位置应保证大模板起吊时的平衡，吊环一般设在模板长度的 0.2 ～ 0.25 处。

5）组拼式大模板背楞的布置与排板的方向应垂直。

2. 安装技术

大模板安装工艺流程为：模板质量检查→抄平放线→安装模板定位装置→安装门窗洞口模板→安装大模板→调整模板、紧固对拉螺栓→验收。

1）模板进场后，应根据模板设计清点数量，核对型号，清理表面。模板就位前应均匀涂刷隔离剂，使用的隔离剂不得影响结构工程及装修工程质量。

2）模板安装前，应放出模板内侧线及外侧控制线作为安装基准。

3）安装模板时，应按顺序吊装，按墙位线就位，并检查模板的垂直度、水平度和标高。检查合格后拧紧螺栓或楔紧销杆。

4）模板的盖板缝、角模与平模拼缝等联结处安装应严密、牢固。楼板与模板、楼梯间墙面的缝隙、应采取措施，保证严密。

5）模板合模前，应检查墙体钢筋、水暖电管线、预埋件、门窗洞口模板、穿墙螺栓套管是否遗漏，位置是否准确，安装是否牢固。合模前必须将内部清理干净，必要时可在模板底部留置清扫口。

6）安装模板时，按模板编号先内侧、后外侧安装就位。安装时，大模板根部和顶部要有固定措施。模板支撑必须牢固、稳定。支撑点应设在坚固可靠处，不得与脚手架拉结。

7）安装全现浇结构的悬挂外模板时，宜从流水段中间向两侧进行，不得碰撞里模。外模与里模挑梁联结要牢固。

8）安装外墙板应以墙的外边线为准，要求墙面平顺，墙体垂直，缝隙一致，企口缝不得错位，防止挤严平腔。墙板的标高应准确，防止披水高于挡水台。

9）混凝土浇筑前，应在模板上作出浇筑高度标记。

3. 拆除技术

1）常温下，墙体混凝土强度必须超过 1MPa 时方可拆模。

2）拆除模板时，应先拆除模板间的对拉螺栓及连接件，松动斜撑调节丝杠，使模板后倾与墙体脱开。经检查各种联结附件拆除后，方可起吊模板。

3）在任何情况下，作业人员不得站在墙顶采用晃动、撬动模板或用大锤砸模板的方法拆除模板。

4）拆除模板时，应控制好缆风绳，防止拆除过程中，发生模板间碰撞或与其他物体碰撞等事故。

5）拆模摘钩时，作业人员手不离钩，待吊钩起吊超过头部后，方可松手，吊车在吊钩超过障碍物以上的高度时，方可行车或转臂。

6）模板拆除后，应及时清除模板上的残余混凝土。清除时，模板应临时固定，板面相对放置，板间留 50 ～ 60cm 通道，板上用拉杆固定。

第四节 滑升模板工程

1. 滑升模板的构造

滑升模板的构造见表 8-3，其滑模装置的剖面图，如图 8-2 所示。

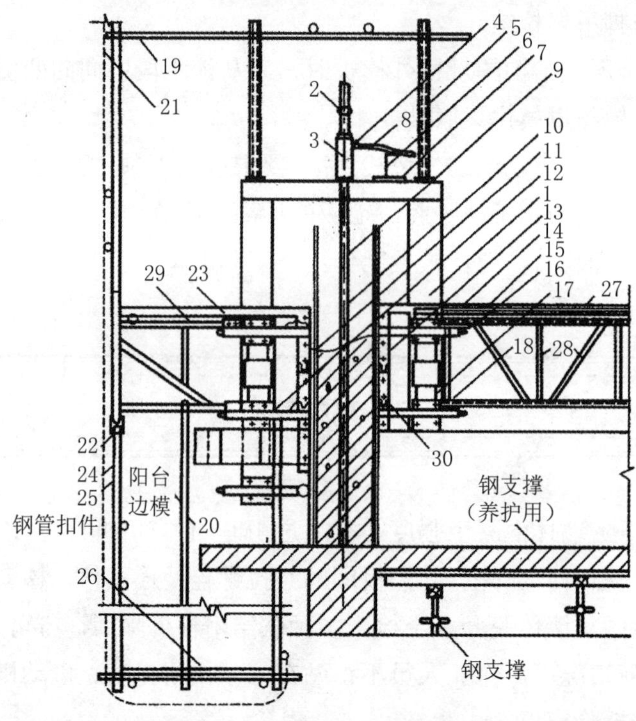

图 8-2　滑模装置剖面示意图

1—提升架；2—限位卡；3—千斤顶；4—针形阀；5—支架；6—台梁；7—台梁连接板；8—油管；9—工具式支撑杆；10—插板；11—外模板；12—支腿；13—内模板；14—围檩；15—边框卡铁；16—伸缩调节丝杠；17—槽钢夹板；18—下围柃；19—支架连接管；20—纠偏装置；21—安全网；22—外挑架；23—外挑平台；24—吊杆连接管；25—吊杆；26—吊平台；27—活动平台边框；28—桁架斜杆、立杆、对拉螺栓；29—钢管水平桁架；30—围圈卡铁

滑升模板的构造 表 8–3

构造	内容
模板系统	包括模板、围圈、提升架及截面和倾斜度调节装置等
操作平台系统	包括操作平台、料台、吊脚手架、滑升垂直运输设施的支承结构等
液压提升系统	包括液压控制台、油路、调平控制器、千斤顶、支承杆
施工精度控制系统	包括千斤顶同步、建筑物轴线和垂直度等的观测与控制设施等
水电配套系统	包括动力、照明、信号、广播、通信、电视监控以及水泵、管路设施等

2. 滑模装置的组装

滑模施工的特点之一，是将模板一次组装好，一直到施工完毕，中途一般不再变化。因此，要求滑模基本构件的组装工作一定要认真、细致，严格地按照设计要求及有关操作技术规定进行。否则，将会给施工带来很多困难，甚至影响工程质量。

1）模板组装应符合的规定：

①安装好的模板应上口小、下口大，单面倾斜度宜为模板高度的 0.2% ～ 0.5%。

②模板高 1/2 处的净间距应与结构截面的宽度相等。

2）检查模板的倾斜度可采用以下两种方法：

①改变围圈间距法：在制作和组装围圈时，应使下围圈的内外围圈之间的距离大于上围圈的内外围圈之间的距离。这样，当模板安装以后，即可得到要求的倾斜度。

②改变模板厚度法：制作模板时，将模板背后的上横带角钢立边向下，使上围圈支顶在上横带角钢立边上。下横带的角钢立边向上，使下围圈支顶在横带的立肋上，此时模板的上下围圈处即形成一个横带角钢立边厚度的倾斜度。当倾斜度需要变化或角钢立边厚度不能满足要求时，可在围圈与模板

的横带之间加设一定厚度的垫板或铁片。采用这种方法时，每侧的上下围圈仍保持垂直。木模板的倾斜度，也可通过在横带与围圈之间加垫板或铁片形成。模板组装时，可用倾斜度样板检查倾斜度。

3）组装质量要求具体为：

滑升模板组装完毕以后，必须按表 8-4 所列的各项质量标准进行认真检查，发现问题应立即纠正，并做好记录。

滑模组装的允许偏差　　表 8-4

序　号	内　容	允许偏差（mm）
1	模板中心线与相应结构截面中心线位置	3
2	围圈位置的横向偏差	3
3	提升架垂直偏差	3
4	提升架安放千斤顶的法兰板间水平偏差	2
5	考虑锥度以后的模板尺寸 上口 下口	−1 +2
6	千斤顶安装位置偏差	5
7	圆模直径	5
8	相邻两块模板平面平整	1
9	工作盘水平度	2

3. 滑升模板的拆除

1）模板系统及千斤顶和外挑架、外吊架的拆除，宜采用按轴线分段整体拆除的方法。

将外墙(柱)提升架向建筑物内侧拉牢，外吊架挂好溜绳，松开围圈连接件，挂好起重吊绳，并稍稍绷紧，松开模板，拉牢绳索，割断支承杆，模板吊起缓慢落下，牵引溜绳使模板系统整体躺倒地面，模板系统解体。

采用此种方法，模板的吊点必须找好，钢丝绳垂直线应接近模板段的重心，钢丝绳绷紧时，其拉力应接近并稍小于模板段的总重。

2）若条件不允许时，模板必须高空解体散拆。

拆除外吊架脚手板、护身栏（自外墙无门窗洞口处开始，向后倒退拆除）；拆除外吊架吊杆及外挑架；拆除内固定平台；拆除外墙（柱）模板；拆除外墙（柱）围圈；拆除外墙（柱）提升架，将外墙（柱）千斤顶从支承杆上端抽出；拆除内墙模板；拆除一个轴线段围圈；相应拆除一个轴线段提升架，千斤顶从支承杆上端抽出。

高空解体散拆模板必须掌握的原则：在模板解体散拆的过程中，必须保证模板系统的总体稳定和局部稳定，防止模板系统整体或局部倾倒坍落。因此，在制订方案、技术交底和实施的过程中，必须有专人统一组织、指挥。

3）滑升模板拆除中的技术安全措施。

高层建筑滑模设备的拆除一般应做好以下几项工作：

①根据操作平台的结构特点，制定其拆除方案和拆除顺序。

②认真核实所吊运件的质量和起重机在不同起吊半径内的起重能力。

③在施工区域，划出安全警戒区，其范围应根据建筑物高度及周围的具体情况来确定；禁区边缘应设置明显的安全标志，并配备警戒人员。

④建立可靠的通信指挥系统。

⑤拆除外围设备时必须系好安全带，并有专人监护。

参考文献

[1] 中华人民共和国国家标准. GB/T 50001—2010 房屋建筑制图统一标准 [S]. 北京: 中国建筑工业出版社, 2011.

[2] 中华人民共和国国家标准. GB/T 50105—2010 建筑结构制图标准 [S]. 北京: 中国建筑工业出版社, 2011.

[3] 中华人民共和国国家标准. GB 50206—2012 木结构工程施工质量验收规范 [S]. 北京: 中国建筑工业出版社, 2012.

[4] 赵俊丽. 木工 [M]. 北京: 中国铁道出版社, 2012.

[5] 周海涛. 建筑木工基本技能 [M]. 北京: 中国劳动社会保障出版社, 2010.

[6] 赵光庆. 木工基本技术 [M]. 北京: 金盾出版社, 2009.

[7] 韩实彬. 木工工长 [M]. 北京: 机械工业出版社, 2007.

[8] 张朝春. 木工模板工工艺与实训 [M]. 北京: 高等教育出版社, 2009.